微织构接触界面的动力学响应特性

朱春霞 著

U0304905

科学出版社

北京

内 容 简 介

本书在分析具有微织构形貌的表面特征的基础上，建立微织构表面轮廓的表征方程，并通过对具有微织构形貌的结合面间的接触特性参数分析，研究微织构表面的织构参数对结合面间的接触特性的影响规律，对提高机械系统动态性能、结构工作性能可靠性以及机械装备的精密度与稳定性等，具有重要的理论与现实意义。

本书可供从事机械工程领域相关方面研究的人员参考使用，也可作为机械工程领域相关专业教师、研究生和高年级本科生的参考书。

图书在版编目（CIP）数据

微织构接触界面的动力学响应特性/朱春霞著. —北京：科学出版社，2019.10
ISBN 978-7-03-062530-4

Ⅰ. ①微… Ⅱ. ①朱… Ⅲ. ①织构-刀具（金属切削）-接触面-动力学性能-研究 Ⅳ. ①TG71

中国版本图书馆 CIP 数据核字（2019）第 215893 号

责任编辑：姜 红 / 责任校对：彭珍珍
责任印制：吴兆东 / 封面设计：无极书装

科 学 出 版 社 出版
北京东黄城根北街 16 号
邮政编码：100717
http://www.sciencep.com

北京中石油彩色印刷有限责任公司 印刷
科学出版社发行 各地新华书店经销
*
2019 年 10 月第 一 版 开本：720×1000 1/16
2020 年 1 月第二次印刷 印张：7 1/4
字数：150 000

定价：99.00 元
（如有印装质量问题，我社负责调换）

前　言

机械系统因功能和结构的需求，往往设计成一个一个的零部件，从而产生各种各样的机械结合面。整个机械系统的精密度、稳定性等性能，在很大程度上受到这些机械结合面的动力学响应特性的影响。接触刚度和接触阻尼是机械结合面动力学响应特性的两个主要参数，故而成为越来越多学者的研究目标。

近年来，表面织构技术因其良好界面可控性及优秀的物理性能，受到越来越多学者的关注。表面织构技术是在粗糙表面上加工特定尺寸、形状及排列的几何图案，从而改变表面的物理属性。有研究表明，具有微织构形貌的粗糙结合面间的接触特性也会发生变化。机械系统中的机械结合面的动态特性本质上来说是两个粗糙界面的接触问题，而微织构结合面间的接触问题就是相接触的两个粗糙表面上具有微织构形貌，因此，微织构结合面间的动态特性除了受到无织构区域粗糙度的影响，同样也受到微织构区域的织构参数的影响。对于无织构区域的接触状态可以追溯到相关表面接触的理论，然后根据微织构表面织构的分布研究微织构结合面间的接触特性。在机械系统中，结合面间的接触特性占整机特性中很大一部分，同时表面织构技术所表现出的良好的界面可控性及优秀的表面特性，使得研究微织构表面的形貌特征及织构参数对微织构结合面间接触特性的影响规律具有重要的意义。本书在分析具有微织构形貌的粗糙表面的形貌特征的基础上，提取微织构表面的特征参数，建立表征方程，重构微织构表面，然后重点对具有微织构形貌的结合面间的法向静态、动态接触刚度及法向接触阻尼进行研究，在对具有微织构形貌的粗糙表面的形貌特征提取研究的基础上，研究无织构区域上的粗糙特征及织构参数对微织构结合面间的接触特性的影响，并通过有限元分析软件验证理论模型的有效性。

本书共 5 章。

第 1 章为绪论。主要介绍接触界面接触特性以及表面织构技术对其影响的研究现状，并介绍本书主要内容：分析微织构结合面上的织构参数对微织构结合面之间接触特性的影响规律。

第 2 章为具有微织构形貌的粗糙表面的表征方法。主要分析研究具有微织构形貌的粗糙表面的形貌特征，将微织构表面分为无织构与织构两个区域，分别提取这两个区域的特征参数，建立整个微织构表面的表征方程，并重构微织构表面，分析各种参数对其形貌的影响规律。

第 3 章为具有微织构形貌的结合面法向接触刚度研究。在对织构表面进行参数表征的基础上，建立微织构表面法向静态、动态接触刚度理论计算模型。研究具有微织构形貌的结合面的形貌参数对法向静态、动态接触刚度的影响。求出整个微织构结合面的法向静态、动态接触刚度。并通过数值仿真分析不同因素对于法向静态、动态接触刚度的影响。

第 4 章为具有微织构形貌的结合面法向接触阻尼研究。基于微织构表面的形貌特征，以及微观尺度下的微凸体在接触载荷作用下的变形过程，根据等效阻尼原理，建立微织构结合面间的法向接触阻尼理论模型，并分析不同因素对微织构结合面间的法向接触的影响规律。

第 5 章为具有微织构形貌的结合面有限元分析与实验研究。通过有限元非线性仿真分析与实验，分别分析具有微织构的粗糙表面的织构参数对结合面间的法向静态、动态接触刚度与法向接触阻尼理论的影响规律。

本书在分析具有微织构形貌的表面特征的基础上，建立微织构表面轮廓的表征方程，为对微织构表面的表征及后续的研究提供一定的理论依据。通过对具有微织构形貌的结合面间的接触特性进行分析，研究微织构表面的织构参数对结合面间接触特性的影响规律，对提高机械系统动态性能、结构工作性能可靠性及机械装备的精密度与稳定性等，具有重要的理论与现实意义。

本书是集作者多年来在机构动态特性和并联机构设计及理论方面的研究成果而写成，同时为了保持全书的系统性，吸收了国内外一些专家学者的研究成果，已在参考文献中详细列出。

本书的出版同时得到东北大学机械工程学院及其实验室和沈阳建筑大学机械工程学院的支持，并且得到了国家自然科学基金项目"基于表面织构效应的并联机构典型结合面及整机动态特性与实验研究"（项目编号：51575365）和辽宁省"兴辽英才计划"青年拔尖人才项目"具有表面微织构的受载机械结合面动力学特性研究"（项目编号：XLYC1807065）的支持，还得到了硕士研究生方超同学和王润琼同学的协助，在此一并表示感谢。

限于作者水平，书中不足之处在所难免，殷切希望广大读者批评指正。

作　者

2019 年 5 月于沈阳

目　　录

第 1 章 绪 论

装备制造业是为一个国家经济发展和国防建设提供技术装备的基础性支柱行业，是一个国家工业水平、国防实力等综合国力的重要体现[1]。随着科学技术的不断进步，各种各样的机器人甚至无人工厂取代了人工，集成化、智能化已经成为现代制造业的发展趋势。在现代化的制造业当中，机器人作为基本单元得到了广泛的应用。因此，提高机器人及各种机械设备的精密度、稳定性等性能成为热门的研究方向。

在机器人以及其他机械设备中，根据功能和结构的需要，往往要设计一个一个的零部件，在这些零部件之间就形成了许多机械结合面。结合面的特性对整机的性能有很大的影响，刚度和阻尼就是结合面接触特性中两个主要的参数。研究表明，机床中结合面的接触刚度占机床总刚度的 60%～80%，结合面对机床整机性能的贡献高达 90%，而结合面的接触阻尼占整机阻尼的 50%～90%[2]。结合面对整机性能影响巨大，因此如何优化结合面的接触特性就成了非常重要的课题。传统的提高结合面质量的方法是提高表面材料的性能及表面热处理工艺等，但从根本上来说，这些方法都只提高了表面材料的物理属性，而未考虑表面形貌特征对结合面接触特性的影响。近年来，表面织构技术成为国际研究热点，一些具有特殊形貌特征的表面会产生一些特殊的属性，并且具有微织构形貌的粗糙表面的织构参数会对结合面间的接触特性产生影响。随着技术的进步，高精密、高转速、高稳定性的机械设备要求对整个机械系统的结合面的动态特性有更高性能的优化。因此，研究表面形貌特征以及表面微织构参数对结合面接触特性的影响规律成为迫切需要解决的关键基础课题。

本书以具有微织构形貌的典型接触界面为具体研究对象，研究分析微织构表面的形貌特征及织构参数对接触界面间动力学响应特性的影响，应用微观接触力学理论和统计理论，从微观尺度下的接触状态对宏观微织构结合面的接触状态进行推测。围绕理论建模、计算仿真、有限元分析及实验分析开展研究。

1.1 接触界面的动力学响应特性研究概述

在机械设计中，机械系统往往不会是一个整体，而是根据需要设计成不同的零部件，以达到性能、结构和安装的要求。这样，在机械零部件之间就形成了各种各样的机械结合面，这些粗糙的结合面使得机械系统在整体上不再具有连续性。同时，这些结合面在复杂载荷作用下会在多自由度方向上产生微幅振动，使其表现出既储存能量又耗散能量，既产生刚度又产生阻尼的本质特性[3]。结合面所表现出的这种复杂的本质特性会对机械系统的整体性能产生重大的影响：一方面大大影响机械的加工精度以及使用功效；另一方面降低机械的使用寿命，对机械系统的动态特性、稳定性、响应速度等性能都有重要的影响[4]。因此，优化机械结合面间的接触特性对于提升机械系统精密度、提高整机性能有着非常重要的意义。几十年来，学者通过各种方法（理论建模、计算机仿真及实验分析等）研究机械结合面间的动力学响应特性，但仍没有完全揭示各种因素对结合面动力学响应特性的影响规律。

近十年来，微织构表面所表现出来的特殊属性，尤其是其在界面可控性方面的优越表现，使得表面织构技术受到学者的广泛关注。微织构表面独特的性能也引起越来越多学者的关注。随着科技的进步，机械系统向着轻量化的方向发展，运转速度和精密程度也在不断提高。优化提高结合面间的接触属性对于提高机械装备的精密度与稳定性等性能有着十分重要的意义，所以，在设计中考虑结合面的接触特性的时候，就需要考虑各种对结合面接触特性产生影响的因素。

综上所述，研究表面织构参数对结合面接触特性的影响规律，对提高机械系统动态性能、结构工作性能可靠性及机械装备的精密度与稳定性等性能，具有重要的理论与现实意义。本书将重点研究具有微织构形貌的接触界面之间的法向静态、动态接触刚度及法向接触阻尼，分析具有微织构形貌的粗糙表面上的织构参数对结合面之间接触特性的影响规律。

1.2　接触界面的动力学响应特性国内外研究现状

早在20世纪40年代，就有人提出机械系统中的结合面的特性会在很大程度上影响整机的性能。直到1956年，苏联的Reshtov和Levina才开始真正系统地研究结合面间的接触问题[5]。此后，国内外的众多学者都开始通过各种方法深入研究结合面间的特性。

几十年来，随着物理及化学等基础学科的发展，人类对微观现象的理解越来越深入，现代制造技术的发展，使得现代加工技术已经能够控制机械加工表面的微观形貌特征，而表面微观形貌在减摩抗磨、增摩、减振、抗黏附、抗蠕爬等多个领域取得了良好的效果。同时，表面织构技术作为一种提高界面性能的方法，引起了越来越多学者的关注。

1.2.1 机械结合面法向接触参数研究现状

接触刚度与接触阻尼是机械结合面动力学响应特性中的两个主要参数，其中，接触刚度表示在外力作用下结合面抵抗变形的能力，接触阻尼则表示结合面消耗能量的能力。它们的大小直接影响机械系统的精密度、稳定性等性能，研究机械结合面接触刚度及接触阻尼的影响因素也是相关学者的主要关注方向。

早在 20 世纪 50 年代，国外学者 Levina、Ostrovskii、Dollbey 就通过实验研究了结合面的法向静态特性[6-10]。20 世纪 70～80 年代，欧洲国家及美国、日本等的学者对结合面动态特性进行了大量的研究。当时主要通过实验方法、理论方法及实验理论相结合的方法对结合面动态特性进行研究。

在实验方面，Konowalski 等学者建立了结合面静态、法向动态接触刚度实验平台，通过实验得到了结合面在载荷作用下的接触变性和接触压力呈非线性关系这一结果[11]。Dollbey 等[12]研究了平面导轨的接触特性，发现了法向加卸载曲线之间存在迟滞现象。国内学者也对结合面的接触特性进行了实验研究，张艺等[13]设计了结合面法向接触阻尼和接触刚度的实验平台，并研究了结合面介质对结合面接触特性的影响；杨红平等[14]通过实验验证了基于微凸体弹塑性变形和分形理论的结合面法向接触模型，分析了结合面的形貌参数对结合面间法向接触参数的影响规律。

在理论研究方面，1966年Greenwood和Williamson提出了著名的GW接触模型[15]，之后许多学者基于这一模型，深入地研究了结合面间的接触特性，GW模型直至今天还广为使用。但是该模型没有考虑微凸体的相互作用，仅适用于轻载荷条件下。之后，Whitehouse和Archard研究了接触表面微凸体的峰高与峰顶曲率的相关性及联合分布概率密度，基于一些假设提出了WA模型[16]。为了使模型更加准确可靠，一些学者在GW模型及WA模型的基础上，更加深入地研究了结合面接触的问题。著名的有Onion和Archard提出的OA模型[17]及Majumdar和Bhushan根据数学分析几何思想提出的MB模型[18]。国内的学者也对此进行研究，得到了许多有意义的结论，比如Zhao等[19]推导出微凸体变形的临界变形量，在微凸体受载荷作用发生变形时，其接触载荷会连续平滑地变化，他们基于此提出了一种新的粗糙结合面接触模型（ZMC模型）；Jiang等[20]在分形理论的基础上，提出了结合面间的接触刚度分形模型（JZZ模型），并验证了所建模型的有效性；杨红平等[14]基于ZMC模型，利用分形几何理论，考虑微凸体在接触载荷作用下变形的连续性，建立了微凸体在各种变形状态下的接触刚度模型

（YANG 模型）。

机械系统中的结合面受到各种各样载荷的作用，使得结合面之间的接触状态非常复杂，各国学者通过各种方法研究结合面之间的接触特性，提出了考虑各种因素对结合面之间特性的影响的接触模型，但是这些模型都是建立在一些假设之上、忽略了一些因素而得出的结论。因此，对于结合面之间的接触状态的研究，还需要继续深入。

1.2.2　结合面接触特性影响因素研究现状

由于对结合面接触特性产生影响的因素非常多，且多为非线性因素，结合面间的接触特性变得非常复杂。机械系统的工作环境也各不相同，结合面同时受到各种载荷的作用，影响因素之间相互交错，使得结合面间的接触特性更加复杂化。对于影响结合面接触特性的众多因素，根据特征的不同，大致分为以下三大类[21]。

（1）与组成结合面的零件有关的因素，如零件的结构、尺寸等，零件的连接状态（比如螺栓连接等），以及零件的运动状态（零件之间是否有相对滑动等）。

（2）与结合面的工作环境有关的因素，如是否受到动态载荷的作用及动态载荷的幅值、频率等，有无初始面压（主要指法向面压），以及结合面间有无介质（比如润滑油等）。

（3）与组成结合面的表面有关的因素，如结合面的材质、热处理情况、加工方法，结合面上的形貌特征（比如表面粗糙度、形状误差等），以及结合面上的织构特征（比如织构类型、织构参数等）。

　　在这些因素当中，第一类影响因素是在零件设计的时候考虑的，在零件设计成形之后，就已经确定；而由于机械设备的功能以及工作地点、环境的制约，第二类因素只能相对改善；第三类因素则是在加工时决定的，表面加工方法以及加工质量的好坏，将直接影响结合面的接触特性，且随着表面技术的发展，结合面的接触特性更加具有可控性。

　　研究各种因素对结合面接触特性的影响规律，有目的地对结合面进行改造，成为众多学者努力的方向。张艺[22]研究了铸铁结合面同时受到法向和切向载荷时的接触刚度特性，得出结合面间的接触刚度随着接触载荷的增大而增大，且表现出一定的非线性特征的结论。温淑花[23]基于分形理论建立了考虑域扩展因子影响的结合面法向接触刚度分形模型，得出结合面间的法向接触刚度随着接触载荷和分形维数的增大而增大，但随着尺度系数的增大而减小的结论。傅卫平等在考虑微凸体弹塑性变形以及相互作用的基础上建立结合面间接触刚度模型，发现结合面间的接触刚度随着表面的塑性指数的增大而增大，且具有非线性特征[24-25]。以上研究是根据实验获取的各种数据，或者依据结合面上的微观形貌特征，由微观到宏观，建立结合面接触特性的近似公式表达。

　　对结合面间各种因素的影响规律的表达还有列表形式的[21]。以表格或者类似表格的形式给出在各种条件结合面上的各种影响因素的数值与结合面接触特性的对照。这种方法的优点是简单、直观，但由于客观因素限制，影响因素的对照数值只能是有限个，且中间值的获取也不方便，从而影响结合面接触特性的预测。

1.2.3　表面织构对接触界面影响研究现状

表面织构技术就是通过一定的技术手段，有目的地在结合面表面上加工出具有一定规律排布的微小凹坑或者凹槽，改变表面的形貌特征，使得新形成的表面具有与之前光滑表面不同的物理属性，从而达到改变表面属性的目的。与传统的表面处理技术（热处理、电镀等）相比，表面织构技术可控性高、无污染、节能减排、加工对象范围广，且加工方法简单、对加工环境要求低，成为许多学者研究的热门方向。

目前，对于表面微织构的研究主要集中在以下几个方面。

（1）表面微织构对摩擦副的摩擦磨损的影响。研究表明，具有微织构形貌的结合面间的摩擦磨损性能要明显优于无织构的结合面。Pettersson 等[26]通过研究发现，在润滑状态下，具有沟槽形貌的摩擦界面的润滑特性以及摩擦磨损性能得到明显改善。朱章杨等[27]发现表面微织构对于干摩擦接触状态下的摩擦磨损有很好的改善作用。肖敏[28]通过理论与实验两方面验证平面滑动接触条件下，织构密度为 5%时，摩擦副中的摩擦力减小了 38%，磨损量减小了 72%。Pettersson 等[29]发现在润滑条件下，具有表面微织构形貌的结合面的磨损现象明显减少了。

（2）表面微织构对表面润湿性能的影响。研究发现，具有特定织构形貌的表面表现出不同的亲水疏水性质。Extrand 等[30]通过实验研究发现，与光滑表面相比，具有微织构形貌的表面上的液滴产生了非圆的湿润区域，并且随着织构间隔的减小，湿润区域面积变大。Barthlott 等[31]发现荷叶表面复杂的形貌及介于微米与纳米之间的表面织构使得荷叶具有超长的疏水性。郭亚杰[32]研究探讨了表面微结构的尺寸和形状及表面水膜对表面黏附性的影响。研究结果表明，表面微结构主要减小了最大黏附力，微结构形状和尺寸都对最大黏附力有影响。

（3）表面微织构对表面黏附性能的影响。早在 1981 年之前就有学者提出，表面的结构与形貌会对接触面之间的黏附力产生影响。郭亚杰[32]通过研究发现，相对湿度会对接触面的黏附力产生影响，当相对湿度在 40%～80%时，结合面之间黏附力变化最为显著。王静秋等[33]通过研究发现，表面微织构在有水膜和无水膜的情况下，都能减小接触界面间的最大黏附力。

具有微织构形貌的表面优越的性能使得表面织构在各个行业中都得到了广泛的应用，比如在太阳能电池、计算机硬盘等领域。现如今，表面织构技术已经广泛应用于机械系统中，并且取得了很好的效果，表面织构技术的这种神奇的表面改性功能，吸引着越来越多的学者更进一步地研究表面织构的其他效应。有研究表明，具有微织构形貌的表面的织构形貌对结合面接触刚度和接触阻尼也有一定影响。但是，微织构表面的织构形貌对接触刚度和接触阻尼的影响效果与机理还未被系统地研究。

1.3　本书主要内容

本书重点研究具有微织构形貌的接触界面在载荷作用下的接触刚度和接触阻

尼特性，研究课题来源于国家自然科学基金项目。本书以具有微织构形貌的粗糙表面为研究对象，首先分析具有微织构形貌的粗糙表面的形貌特征，构建微织构表面的表征体系，再在微织构表面表征参数的基础上，建立具有微织构形貌的结合面的法向静态和动态接触刚度模型及法向动态接触阻尼模型，通过有限元分析微织构表面的织构参数对微织构结合面接触参数的影响规律，然后通过实验验证理论结果。本书的主要研究内容如下：

（1）分析具有微织构形貌的粗糙表面的形貌特征，提取特征参数，建立微织构表面的表征体系，用参数描述具体的微织构表面。

（2）在对微织构表面的形貌特征参数化的基础上，根据参数设定，基于接触力学原理建立微织构结合面间的法向静态、动态接触刚度理论计算模型及法向接触阻尼理论计算模型，通过数值仿真研究各参数对微织构结合面间接触参数的影响。

（3）运用有限元分析及模态实验方法验证所建立的微织构结合面接触特性理论计算模型。

本书主要研究微织构结合面的接触特性，分别建立微织构结合面间的法向静态、动态接触刚度及法向接触阻尼的理论模型，这三个方面相互独立又相互联系，是结合面间的动力学响应特性的主要表现形式。然后通过有限元分析及模态实验方法验证所建的理论计算模型。其中有限元分析能够得到结合面受力变形的情况，从而计算出结合面间的接触刚度，而模态实验方法只能够得到结合面间的接触参数，无法得到结合面间的受力情况。通过有限元分析及模态实验相结合，能够进一步研究微织构结合面间的接触状态，使结果更加可靠。

第 2 章　具有微织构形貌的粗糙表面的表征方法

如第 1 章所述，近年来，表面织构技术凭借其良好的界面可控性以及独特的界面性能受到越来越多学者的关注，表面织构技术在工业生产中开始得到推广和应用。但究竟什么是表面织构？Evans 曾借用了一句美国法官的名言"我无法准确定义，但是，我看到了就能够认识"，表明表面织构的定义仍存在模糊性和不确定性[33]。造成这种结果的原因就是因为还没有一种方法能够系统地描述具有微织构形貌的粗糙表面。

为此，本章在研究粗糙表面的表征方法的基础上，加入织构形貌的表征，旨在寻找一种表面织构的表征方法，能够全面地描述具有微织构形貌的粗糙表面，为对微织构结合面的接触参数的研究提供理论依据。

2.1　相关理论基础

2.1.1　W-M 函数

粗糙表面的形貌特点满足分形几何理论的基本特征，其轮廓曲线的局部细节与整体趋势具有特定的自相似性。这种分形特征主要体现在粗糙表面具有随机、多尺度和无序性的特点。从数学的角度来看，这种粗糙轮廓处处连续且不可微，其不可微的原因在于表面轮廓在反复放大后会表现出愈加丰富的细节部分，导致在任一点都无法作出其切线，并且在不同放大倍数下粗糙轮廓的表面具有特定相似性，分形几何中将这种相似性定义为统计自仿射特性。而 Weierstrass-Mandelbrot 函数（W-M 函数）具有统计自仿射的特点，基于此，本节用该函数表征粗糙表面的轮廓形貌，对粗糙表面的接触特性展开建模研究。

随机化的 Weierstrass 函数是一个频率域中的几何累加，其表达式为[34]

$$X(t) = \sum_{n=N_{\min}}^{N_{\max}} A_n \lambda^{nH} \sin(\lambda^n t + \phi_n) \tag{2.1}$$

式中，A_n——[0, 1]的独立正态分布随机分量；

λ^n——决定函数的频谱；

ϕ_n——[0, 2π]区间均匀分布的相位。

在一定尺度变化范围内（$N_{\min} \sim N_{\max}$），Weierstrass 函数可以通过预先设定的系数 A_n 和 ϕ_n 生成具有不同分形特征的粗糙表面。

而在上述表达式的基础上，Mandelbrot 建立了更具优势的分形函数，也就是 W-M 函数，该函数处处连续而且处处皆不可导，同时还满足于分形几何理论中的自仿射特性，它的最初形式可以写为

$$W(x) = \sum_{n=-\infty}^{\infty} \frac{(1 - e^{ib^n x}) e^{i\phi_n}}{\gamma^{(2-D)n}} \tag{2.2}$$

在式（2.2）中，对 $W(x)$ 取实部可以得到

$$z(x) = \text{Re}[W(x)] = \sum_{n=-\infty}^{\infty} \frac{\cos\phi_n - \cos\lambda^n x + \phi_n}{\gamma^{(2-D)n}} \tag{2.3}$$

进一步地，令其相位为 0，即可以得到原始的 W-M 分形函数：

$$z(x) = \sum_{n=-\infty}^{\infty} \frac{1-\cos\lambda^n x}{\gamma^{(2-D)n}} \tag{2.4}$$

为了满足工程表面的应用，Majumdar 等对原始的 W-M 函数进行了修正[35]，得到了 M-B 模型，该模型成了后续分形接触研究中的重要理论基础，也就是现在大多数文献中所提到的 W-M 函数。其表达式如下：

$$z(x) = G^{D-1}\sum_{n=n_l}^{\infty}\gamma^{-(2-D)n}\cos(2\pi\gamma^n x), \quad 1 < D < 2, \gamma > 1 \tag{2.5}$$

式中，$z(x)$ ——随机轮廓高度，表征粗糙轮廓幅值的大小，其中的变量 x 表征的是轮廓位移坐标；

D ——粗糙表面的轮廓分形维数，表征函数在所有尺度上的不规则性，但其自身不能确定轮廓幅值的具体大小，即使两个完全不同尺度上的分形曲线也有可能具有相同的分形维数；

G ——粗糙表面的特征尺度系数，它决定轮廓的高度幅值，反映了 $z(x)$ 的具体大小，两个完全不同分形维数的曲线也有可能具有相同的尺度系数；

γ^n ——空间频率，为粗糙表面波长的倒数，它决定了粗糙表面的粗糙度频谱，$\gamma = 1.5$ 可应用于高频谱密度及相位的随机性[18]。

基于式（2.5），对轮廓位移坐标换算可以得到

$$\begin{aligned}
z(\gamma x) &= G^{D-1}\sum_{n=n_l}^{\infty}\gamma^{-(2-D)n}\cos(2\pi\gamma^n\gamma x) \\
&= \gamma^{2-D}G^{(D-1)}\sum_{n=n_l}^{\infty}\gamma^{-(2-D)(n+1)}\cos(2\pi\gamma^{n+1}x) \\
&= \gamma^{2-D}z(x)
\end{aligned} \tag{2.6}$$

从式（2.6）可以看出 $z(x)$ 满足自仿射关系，即当 x 放大倍数为 γ 时，高度 z 被放大 γ^{2-D} 倍。同时，对于 $z(x)$ 级数函数，其本身是收敛的，而 $\mathrm{d}z/\mathrm{d}x$ 级数则是发散的，这就证明了 $z(x)$ 具有不可微的特点。

2.1.2　结构函数法确定分形参数

确定分形参数的计算方法是研究结合部接触刚度的关键，与领域内其他计算分形参数的方法相比较，结构函数法具有较强的理论基础，有可操作性强、计算结果较为准确的特点，是一种应用较广的计算方法。

特定粗糙面轮廓曲线 $z(x)$ 的增量方差被定义为该曲线的结构函数[34]，其具体形式可以表示为

$$S(\tau) = \langle (z(x+\tau) - z(x))^2 \rangle = \int_{-\infty}^{+\infty} s(\omega)(\mathrm{e}^{j\omega\tau} - 1)\mathrm{d}\omega \qquad (2.7)$$

式中，τ ——采样区间的任意间隔；

$z(x)$ ——轮廓曲线的高度幅值；

ω ——频率，是粗糙度波长的倒数；

$\langle \cdot \rangle$ ——空间平均值。

而粗糙面表面轮廓连续的平均功率谱函数表示为

$$S(\omega) = \frac{G^{2(D-1)}}{2\ln\gamma} \frac{1}{\omega^{5-2D}} \qquad (2.8)$$

将式（2.8）代入式（2.7）计算可得

$$S(\tau) = CG^{2(D-1)}\tau^{4-2D} \qquad (2.9)$$

式中，

$$C = \frac{\Gamma(2D-3)\sin((2D-3)\pi/2)}{(4-2D)\ln\gamma}$$ （2.10）

其中，Γ——第二类欧拉积分。

对式（2.9）变换可以得到结构函数满足以下幂定律关系：

$$\lg S(\tau) = \lg C + 2(D-1)\lg G + (4-2D)\lg\tau$$ （2.11）

由此，在双对数坐标系中，$\lg S(\tau)$ 和 $\lg\tau$ 为线性关系，其斜率 k 与粗糙轮廓的分形维数 D 有关，通过截距 b 则可以求出其特征尺度系数 G。可以看出，两个分形参数均与频率无关，其最终计算结果的大小不受取样长度和检测仪器分辨率的影响，具有尺度独立性的优点。

而表面轮廓的统计学参数与粗糙表面的功率谱函数存在以下关系[36]：

$$\sigma = \left(\int_{\omega_l}^{\omega_h} S(\omega)\mathrm{d}\omega\right)^{\frac{1}{2}} \approx \omega_l^{D-2}$$ （2.12）

$$\sigma' = \left(\int_{\omega_l}^{\omega_h} \omega^2 S(\omega)\mathrm{d}\omega\right)^{\frac{1}{2}} \approx \omega_h^{D-1}$$ （2.13）

$$\sigma'' = \left(\int_{\omega_l}^{\omega_h} \omega^4 S(\omega)\mathrm{d}\omega\right)^{\frac{1}{2}} \approx \omega_h^{D}$$ （2.14）

式中，σ——表面高度标准差；

σ'——斜率标准差；

σ''——曲率标准差；

ω_l——最低频率，其由取样长度 L 决定；

ω_h——最高频率，其受仪器分辨率影响较大。

因此，通过式（2.12）～式（2.14）可以看出，统计学参数的测量结果始终与取样长度和测量仪器的分辨率有关，具有尺度依赖性的特点。

另外，对于一个确定的真实表面轮廓，如果在双对数坐标中其结构函数直线的斜率 k 满足 $0 < k < 2$，则可以判断该粗糙表面的轮廓具有分形的基本几何特征[23]。

同时，根据文献[37]法向接触刚度的无量纲形式可以得出，将粗糙面轮廓数据代入双对数坐标后，拟合曲线的斜率 k 和截距 b 满足以下关系：

$$k = 4 - 2D \tag{2.15}$$

$$b = \lg C + 2(D-1)\lg G \tag{2.16}$$

由此，通过式（2.15）和式（2.16）即能够求得特定粗糙面的分形参数 D, G 值。

对于结合面接触问题，通常将其转化为一等效弹性粗糙面与一刚性光滑平面的接触，即将两个粗糙面的轮廓特征全部转化至等效弹性粗糙面。因此为了综合考虑两个接触面的形貌轮廓的影响，将组成结合面的两个接触面的结构函数叠加，即可以建立等效弹性粗糙面的结构函数[37]：

$$S_e(\tau) = S_1(\tau) + S_2(\tau) \tag{2.17}$$

式中，$S_e(\tau)$ ——等效弹性粗糙面的结构函数；

$S_1(\tau)$ 和 $S_2(\tau)$ ——两个互相接触的粗糙面的结构函数。

因此结合式（2.10）～式（2.12）即可求出等效弹性粗糙面的分形维数 D 和尺度系数 G。

2.2　具有微织构形貌的粗糙表面的表征

　　结合面之所以具有不同的特性，除了受其工作环境和载荷条件的影响之外，还因为相接触的两个表面在微观尺度下的表面形貌各不相同。一般来说，结合面所表现出来的特性诸如摩擦磨损、润滑状态、亲水疏水性、湿润性、静态和动态接触特性等都与相接触的两个表面的形貌特征有很大的关系。定性、定量地描述粗糙表面的形貌特征对于研究各种形貌参数对结合面间的特性的影响非常重要。尤其是具有微织构形貌的结合面，能够用参数表征微织构表面的形貌特征，对于研究织构参数和接触特性的关系有非常积极的作用。

　　实际情况中，根本不存在绝对光滑的表面，即便是经过超精密机械加工的金属表面，在微观尺度上仍然是粗糙的。通常情况下，任何经过机械加工的金属表面都是由宏观轮廓、波纹度轮廓和微观粗糙度形貌构成[38]。对于具有微织构形貌的表面，决定表面最终轮廓的还有微织构轮廓。诸多形貌共同相加在同一个表面上，形成最终的具有微织构形貌的粗糙表面，如图 2.1 所示。

　　通常在加工获取微织构表面时，首先加工出具有特定需求粗糙度的粗糙表面，然后通过激光加工等技术在粗糙表面上加工出具有特定尺寸、形状及排列的几何图案，改变表面的几何形貌，从而获得具有特定形貌特征的微织构表面。根据微织构表面的加工过程，自然地将具有微织构形貌的粗糙表面分为两部分区域：一部分区域在加工织构的时候形貌特征没有改变，这部分区域的形貌特征与粗糙表面的形貌特征一致，称为无织构区域；另外一部分区域在加工织构的时候，改变了形貌特征，称为织构区域，与无织构区域的形貌特征对比形成整个织构表面。例如沟槽型织构，如图 2.2 所示，分为无沟槽区域和沟槽区域：无沟槽区域微观形貌与加工织构前粗糙表面的形貌一样，具有相同的表面粗糙度，为无织构区域；沟槽区域是通过一定的加工技术手段，改变了表面的微形貌的区域，为织构区域。

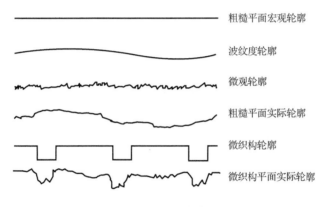

图 2.1　微织构表面轮廓示意图

图 2.2　沟槽型织构表面微观示意图

在微观状态下，任何表面都会显示出凹凸不平的形貌特征，微织构表面也不例外。因此，本书在表征具有微织构形貌的粗糙表面时，对无织构区域和织构区域等微小区域分别进行描述，提取其特征参数，建立表征方程。

对于具有微织构形貌的表面，用参数表达表面形貌特征时，不仅需要体现微织构形貌参数，同时也应当具有粗糙表面在微观状态下凹凸不平的特性，从而更加全面地考虑影响微织构结合面接触参数的因素。具有微织构形貌的粗糙表面，根据其加工过程，自然地分为无织构区域与织构区域两个部分。因此，在用数学的方法描述微织构表面时，也应分为两个部分分别表征，然后采用叠加的方法，将微织构表面的每一种特征采用一个函数表示，然后相加形成最终含有不同特征的表面。这样不仅能表示单一织构类型的微织构表面，当具有微织构表面多种类型时，同样能够准确表征微织构表面的形貌特征。

2.2.1 无织构区域的表征

在面面接触状态下，无织构区域是两个接触面的直接接触区域（图 2.3），接触状态与两个粗糙表面相接触的状态一样，将其等效为粗糙表面与刚性平面相接触，这部分表面的粗糙度特征对于整个织构表面的属性有非常重要的影响。在加工微织构形貌的时候，无织构区域未改变其表面形貌，因此这部分区域的表面形貌与一般的机械表面一样，在微观尺度上呈现出具有许多微凸体的凹凸不平的形貌特征。研究表明，粗糙表面的形貌具有非稳定随机性、自相似和自仿射性的特征，这使得基于统计学的粗糙度表征参数随测量条件（如仪器分辨率和取样长度等）的变化而表现出不稳定性。因此，对于此部分的表征采用具有自相似性的 W-M 函数。该函数被广泛应用于接触表面形貌的表征，具有两个独立的参数——

分形维数 D 和尺度系数 G。

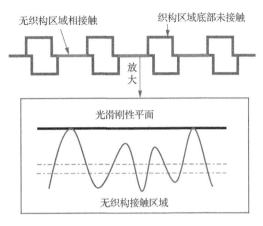

图 2.3　沟槽型织构表面接触示意图

W-M 分形函数具有连续性、处处不可微性以及自相似性，是表示随机轮廓的

典型函数，此函数的三维模型为[39]

$$z(x,y) = \sum_{n=1}^{\infty} G_n \gamma^{-(3-D_s)n} \sin\left(\gamma^n \left(x\cos B_n + y\sin B_n\right) + A_n\right) \qquad (2.18)$$

式中，G_n——服从均值为 0、方差为 1 的正态分布的随机数（也可称为尺度系数）；

　　　A_n、B_n——相互独立且都服从 $[0,2\pi]$ 上的均匀分布的随机数；

　　　D_s——理论分形维数（$2<D_s<3$）；

　　　γ——特征参数，为大于 1 的常数（通常取 1.5）；

　　　n——自然序列数。

2.2.2　织构区域的表征

表面织构的种类多种多样，目前比较常见的织构类型有凹坑型（圆形、方形等）、沟槽型和网纹型及其他异性形貌如 V 形沟槽等，表面形貌如图 2.4 所示。加工织构的时候，在事先加工好的粗糙表面上，通过一定的加工手段改变一部分表面的形貌特征，使之具有与原来的表面不一样的形貌，这部分改变形貌特征的表面，称为织构区域。

在干摩擦情况下，织构区域具有清理表面和承接碎屑的作用，在润滑状态下，具有储存润滑油的作用。如图 2.3 所示，在面面接触情况下，织构区域不直接接触，明显减少了结合面的接触面积，从而可以降低界面黏着效应的作用。因此，织构对于整个平面属性的影响，主要是织构尺寸（高度、长、宽等）的作用，而织构底部的形貌对整个织构表面属性的影响可以忽略不计。所以，在表征织构区域的时候，应着重表征织构的形状、分布，而织构底部由于未直接接触，其粗糙形貌特征可以忽略不计。

要将织构表达清楚，不同类型的织构表示函数是不一样的，所需的独立参数的个数也是不相同的，同时表征方程也不一样。在各种类型的表面织构中，沟槽型和圆形凹坑型表面织构由于具有加工方便、价格低廉及良好的界面属性等优点，成为一种较为常见的织构类型。下面主要列举沟槽型和圆形凹坑型织构。

表达沟槽型织构需要沟槽宽度 w、深度 h 以及沟槽间距 d 三个相互独立的参数，具体如图 2.5 所示。

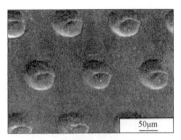

（a）圆形凹坑型织构

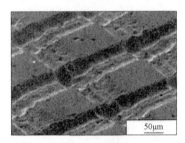

（b）沟槽型织构

图 2.4　各类型微织构表面微观示意图

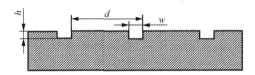

图 2.5　沟槽型织构参数示意图

根据沟槽型织构的形貌特征，可得沟槽型的表达函数为

$$z_n(x,y) = \begin{cases} -h, & \dfrac{x}{d} \leqslant \dfrac{w}{d} \\[2mm] 0, & \dfrac{x}{d} > \dfrac{w}{d} \end{cases} \qquad (2.19)$$

将其与无织构区域的表征方程［式（2.18）］叠加，则可得具有沟槽型织构的粗糙表面的表征方程为

$$z_n(x,y) = \begin{cases} \sum\limits_{n=1}^{\infty} G_n \gamma^{-(3-D_s)n} \sin(\gamma^n(x\cos B_n + y\sin B_n) + A_n) - h, & \dfrac{x}{d} \leqslant \dfrac{w}{d} \\ \sum\limits_{n=1}^{\infty} G_n \gamma^{-(3-D_s)n} \sin(\gamma^n(x\cos B_n + y\sin B_n) + A_n), & \dfrac{x}{d} > \dfrac{w}{d} \end{cases} \quad (2.20)$$

表达圆形凹坑型织构则需要凹坑直径 d、深度 h、x 方向间距 d_1 及 y 方向间距 d_2 四个相互独立的参数，具体如图 2.6 所示。

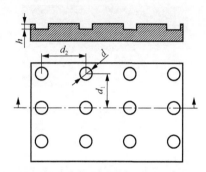

图 2.6　圆形凹坑型织构参数示意图

根据圆形凹坑型织构的形貌特征，可得圆形凹坑型织构的表达函数为

$$z_n(x,y) = \begin{cases} -h, & \sqrt{(x-md_1)^2 + (y-nd_2)^2} \leqslant \dfrac{d}{2} \\ 0, & \sqrt{(x-md_1)^2 + (y-nd_2)^2} > \dfrac{d}{2} \end{cases} \quad m,n = 0,1,2,\cdots \quad (2.21)$$

将其与无织构区域的表征方程［式（2.18）］叠加，则可得具有圆形凹坑型织构的粗糙表面的表征方程为

$$z_n(x,y)$$
$$= \begin{cases} \sum\limits_{n=1}^{\infty} G_n \gamma^{-(3-D_s)n} \sin\left(\gamma^n(x\cos B_n + y\sin B_n) + A_n\right) - h, & \sqrt{(x-md_1)^2 + (y-nd_2)^2} \leqslant \dfrac{d}{2} \\ \sum\limits_{n=1}^{\infty} G_n \gamma^{-(3-D_s)n} \sin\left(\gamma^n(x\cos B_n + y\sin B_n) + A_n\right), & \sqrt{(x-md_1)^2 + (y-nd_2)^2} > \dfrac{d}{2} \end{cases}$$

$$m,n = 0,1,2,\cdots \quad (2.22)$$

将微织构表面分为织构区域和无织构区域，用不同的方程表征其形貌特征之后，进行叠加形成具有微织构形貌的粗糙表面，能够更加全面地表示出微织构表面的各种形貌特征，并且建立接触特性计算模型时，可以分别考虑不同区域的参数对微织构结合面间接触特性的影响。

2.3　粗糙表面的形貌特征仿真分析

2.3.1　微织构粗糙表面无织构区域的形貌特征仿真

为了清晰地表示出微观轮廓的形貌特征，制定模拟参数的标准，同时为了避开 $x=0, y=0$ 的点，确定无织构区域的形貌与表征参数的关系，拟定 A_n, B_n 为 $[0,2\pi]$ 上两个均匀分布的随机数，对于服从正态分布的随机轮廓，通常取常数 $\gamma=1.5$，自然序列数 $n=1,2,3,\cdots,100$，取 $x=[1,2]$，$y=[1,2]$，步距为 0.01。根据以上拟订的参数，选取 G=0.001，绘制三种不同分形维数 D 的无织构区域微观轮廓形貌，如图 2.7 所示。

图 2.7 呈现出的前表面微观轮廓粗糙不平，很不规则，不同分形维数下的粗糙表面凹凸程度差别比较明显。从三张图中可以看出，当分形维数 D 由小变大的时候，所得到的表面轮廓高度的变化频率越来越高，表面形貌的凹凸程度也越来越密集，但是表面轮廓高度的变化幅度基本不变。

同样，选取分形维数 D=2.7，分别取尺度系数 G 为 0.1、0.01 和 0.001 三个数值进行模拟，所获得的无织构区域微观形貌如图 2.8 所示。

图 2.8 所呈现出的前表面微观轮廓同样粗糙不平，很不规则，但是在分形维数不变的情况下，表面轮廓高度的变化频率基本相同。随着尺度系数成比例地减小，微观轮廓高度的变化幅度范围也以同样的比例减小。

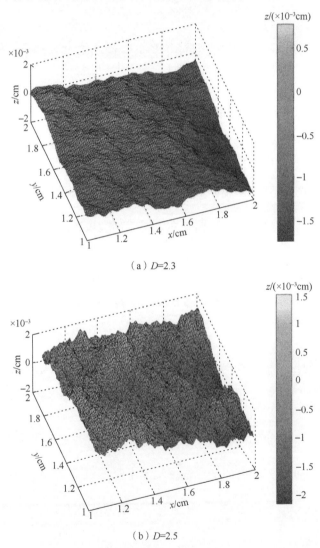

（a）D=2.3

（b）D=2.5

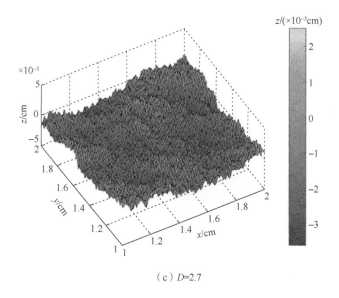

（c）D=2.7

图 2.7   不同分形维数 D 的无织构区域微观形貌模拟图

x，y 均为采样长度，z 为轮廓高度，余同

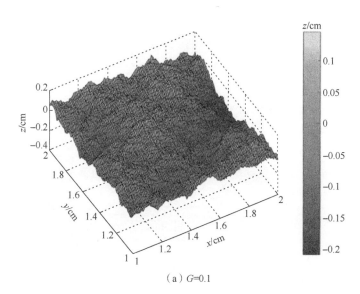

（a）G=0.1

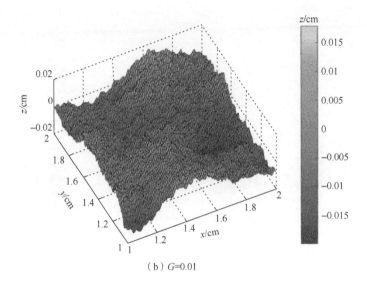

（b）G=0.01

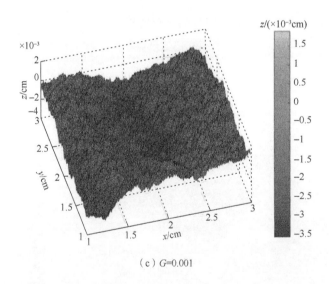

（c）G=0.001

图 2.8　不同尺度系数 G 下的无织构区域微观轮廓模拟图

2.3.2　微织构粗糙表面织构区域的形貌特征仿真

按照具有微织构形貌的表面的加工顺序，在具有特定粗糙度的粗糙表面上加工微织构，因此，在前面模拟出来的微观粗糙前表面的基础上，加入微织构形貌参数，模拟出微织构表面的微观形貌。由于织构的加工大多都是微米级别的，在选取无织构区域的参数时应同样在这一级别。所以，选取尺度系数 $G=0.001$ 的粗糙表面。同时为了显示织构的微观形貌特征，本节选取轮廓高度变化率适中的分形维数 $D=2.5$ 的粗糙表面来模拟织构。

首先以沟槽型织构表面为例，分别设定不同的织构参数（沟槽间距 d，沟槽宽度 w，沟槽深度 h），基于表征方程，模拟出来的沟槽型织构微观轮廓如图 2.9 所示。

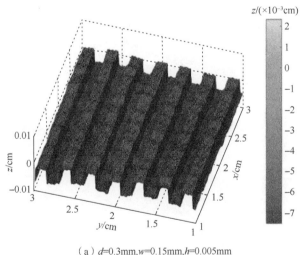

（a）d=0.3mm,w=0.15mm,h=0.005mm

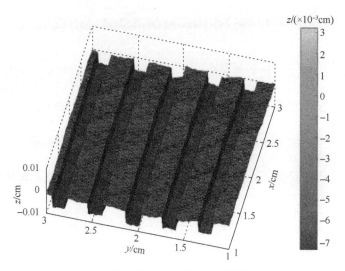

（b）d=0.4mm,w=0.15mm,h=0.005mm

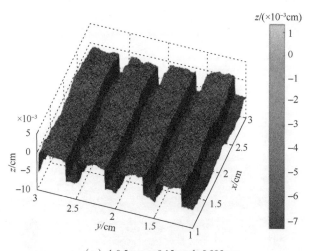

（c）d=0.5mm,w=0.15mm,h=0.005mm

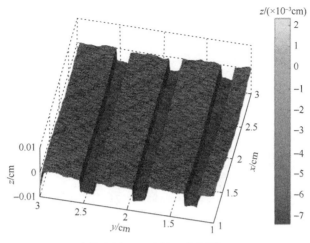

（d）d=0.6mm,w=0.15mm,h=0.005mm

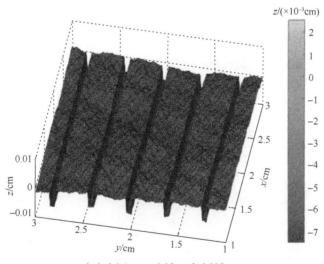

（e）d=0.4mm,w=0.05mm,h=0.005mm

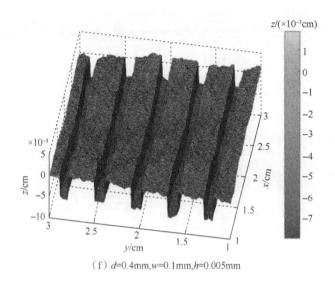

（f）d=0.4mm,w=0.1mm,h=0.005mm

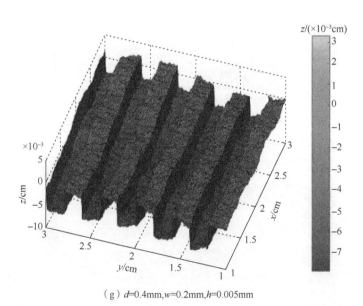

（g）d=0.4mm,w=0.2mm,h=0.005mm

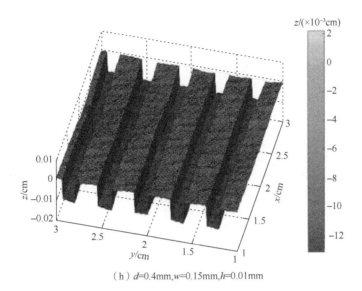

（h）d=0.4mm,w=0.15mm,h=0.01mm

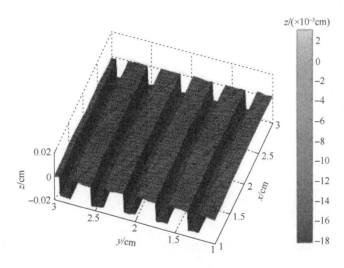

（i）d=0.4mm,w=0.15mm,h=0.015mm

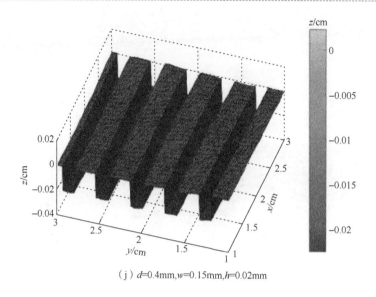

（j）d=0.4mm,w=0.15mm,h=0.02mm

图 2.9　沟槽型织构微观轮廓形貌模拟图

从图 2.9（a）～图 2.9（d）四张图中可以看出，沟槽间距 d 影响两个沟槽之间的距离；从图 2.9（e）、（f）、（b）、（g）中可以看出，沟槽宽度 w 影响沟槽的跨度，而对两个沟槽之间的距离没有影响；对比图 2.9（b）、（h）、（i）、（j）四张图，可以看出沟槽深度表示沟槽底部与无织构区域表面之间的距离，对于沟槽织构在整个表面的分布没有影响。另外，对比图 2.7 中所有的图片，可以看出织构区域的织构参数表征的是织构在表面上的分布以及织构的形状大小等，而对无织构区域粗糙表面的形貌特征没有影响。

对于圆形凹坑型织构表面，同样设定不同的织构参数（凹坑间距 d_1、d_2，凹坑直径 d，凹坑深度 h），模拟出来的不同织构参数的圆形凹坑型织构微观轮廓如图 2.10 所示。

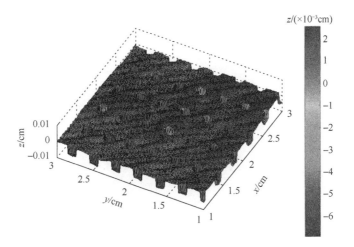

（a）d_1=0.3mm,d_2=0.4mm,d=0.12mm,h=0.005mm

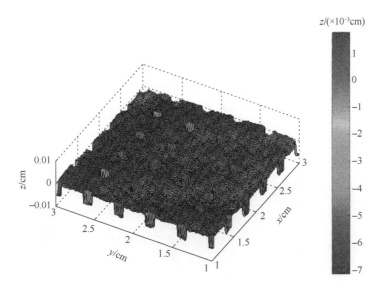

（b）d_1=0.4mm,d_2=0.4mm,d=0.12mm,h=0.005mm

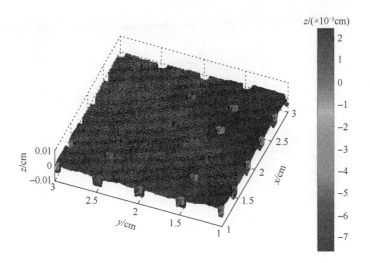

（c）d_1=0.5mm,d_2=0.4mm,d=0.12mm,h=0.005mm

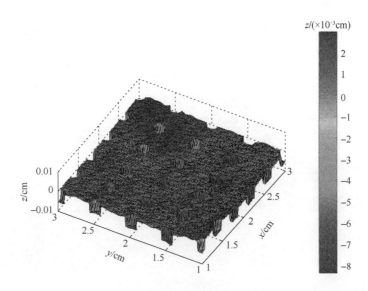

（d）d_1=0.5mm,d_2=0.4mm,d=0.15mm,h=0.005mm

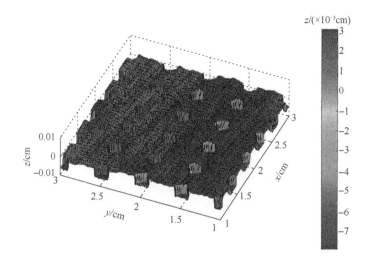

（e）d_1=0.5mm,d_2=0.4mm,d=0.18mm,h=0.005mm

图 2.10　圆形凹坑型织构微观轮廓形貌模拟图

根据图 2.10 中模拟出的不同织构参数的微织构表面形貌，可以看出在表征圆形凹坑型织构的参数中，凹坑间距 d_1、d_2 分别表征凹坑在 x 方向和 y 方向的间距，而凹坑直径 d 直接影响凹坑的大小，对凹坑在微织构表面上的分布不产生影响。凹坑深度与沟槽深度都是表征织构深度的参数，对于微织构表面的织构形貌的影响相同，在这里不做分析。

2.3.3　具有微织构形貌的粗糙表面的形貌特征仿真分析

从上个小节中的织构表面模拟图中，可以看出织构区域的织构参数不影响无织构区域的形貌特征。将织构区域和无织构区域的表征方程综合之后，能够得到整个织构表面的表征方程。在这里，分别选取沟槽型织构参数为 d=0.5mm,

w=0.1mm,h=0.005mm 的织构表面和圆形凹坑型织构参数为 d_1=0.4mm,d_2=0.5mm,d=0.12mm,h=0.005mm 的织构表面，分别模拟不同分型维数和不同尺度系数的微织构表面，如图 2.11 所示。

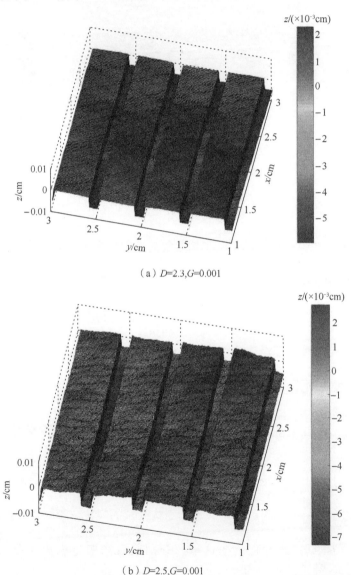

（a）D=2.3,G=0.001

（b）D=2.5,G=0.001

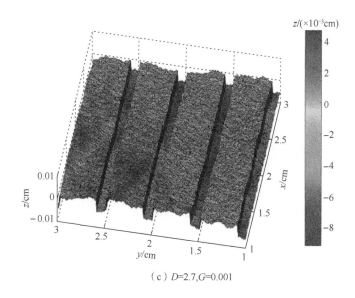

（c）D=2.7,G=0.001

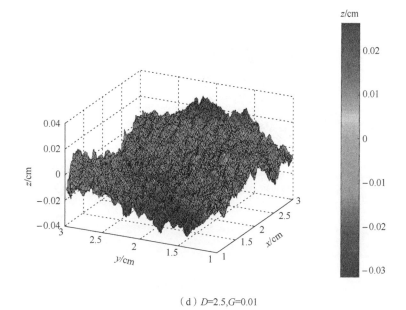

（d）D=2.5,G=0.01

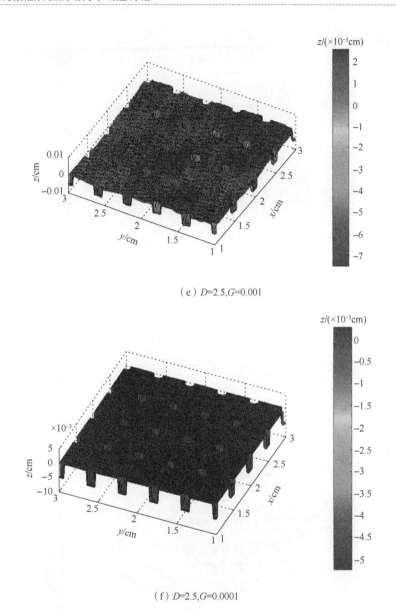

（e）D=2.5,G=0.001

（f）D=2.5,G=0.0001

图 2.11　具有微织构形貌的粗糙表面轮廓模拟图

从图 2.11（a）～图 2.11（c）三张图中可以看出，无织构区域参数分形维数

D 的增大，使得无织构区域轮廓高度的变化频率越来越剧烈，而对沟槽在微织构平面的分布和沟槽的大小没有影响；从图 2.11（d）～图 2.11（f）三张图中可以看出，无织构区域参数尺度系数的减小，使得无织构区域轮廓高度的变化范围同样减小，特别在图 2.11（d）中，当尺度系数取 0.01 时，无织构区域的轮廓高度变化范围过大，使得圆形凹坑型织构的特性不明显，这是因为微织构表面的织构参数一般是在微米级别的，因此尺度系数选取应足够小。另外，无织构区域的参数对微织构表面上织构的分布以及织构的大小没有影响，也就是说织构区域的表征参数与无织构区域的表征参数相互独立，互相之间不产生影响。

当微织构表面具有多种类型的织构时，就可以将各种表面形貌特征进行叠加，形成最终的具有微织构形貌的粗糙表面，如图 2.12 所示。

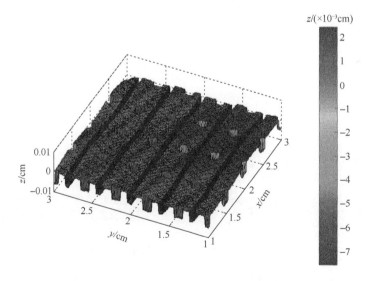

图 2.12　具有多种类型织构形貌的粗糙表面

其中，无织构区域的参数分型维数 D 和尺度系数 G 相互独立，分别影响无织构区域的轮廓高度变化频率和变化范围，与织构区域的表征参数也互不影响；织构区域每种织构的表征参数以及不同类型织构之间的参数也相互独立，互不影响，不同的参数分别对应织构区域在整个表面上分布的位置、大小或者深度。所有的参数共同作用于同一个表面，从而形成最终的具有微织构形貌的粗糙表面。

2.4　结合面表面形貌数据测量实验

根据式（2.5），测量结合面表面的形貌轮廓数据 $z(x)$ 是求得特定粗糙表面两个分形参数 D 、 G 数值解的必要前提。本章采用如图 2.13 所示法国 MICROMESURE 2 三维轮廓测量仪对试件样品形貌进行测量。该测量仪能够使用一系列物体的轮廓线条构成三维形体，采用特殊算法将扫描片段进行排列，并将全部片段整合至一个独立的纹理化的立体模型，从而实现对物体整个轮廓的扫描。测量结束后即可以得到采样面积内被测表面的三维形貌数据，而基于该形貌数据即可获得特定采样轮廓的幅值变化情况，也就是可以代入结构函数计算式的轮廓数据 $z(x)$ 。

限于测量设备载物台承重能力，实际操作时无法对实验所用结合面的表面轮廓进行直接测量。因此，为了获取实验用结合面的表面形貌，制作四组试样以开展测量实验。实际测量时的采样面积尺寸为 $0.1\text{mm} \times 0.1\text{mm}$ ，采样步长为 $0.1\mu\text{m}$ 。图 2.14 展示了表面形貌测量结果，由此，通过测量试样的表面形貌即可得到两接触粗糙面的三维表面轮廓及其坐标数据。

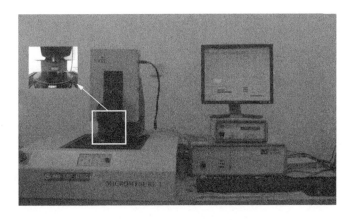

图 2.13　试样表面三维轮廓测量

根据所测量的表面形貌坐标数据，可以获得沿 x 轴方向的轮廓数据，分别取得两粗糙面 $x=0$, $0<y<0.2\text{mm}$ 的轮廓坐标数据，代入所编写的 MATLAB 程序中即可求得两粗糙面的结构函数。通过最小二乘法即可求得离散化结构函数的拟合曲线，将所获取的拟合曲线斜率和截距代入式（2.15）、式（2.16）即可求得分形参数。两被测粗糙面在双对数坐标中的离散结构函数及其拟合曲线如图 2.15 所示。

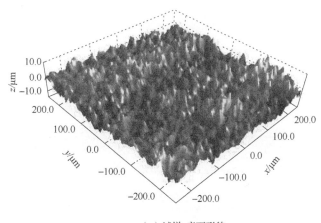

（a）试样1表面形貌

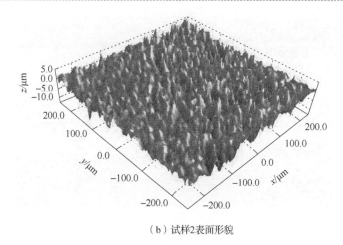

（b）试样2表面形貌

图 2.14　试样表面三维形貌

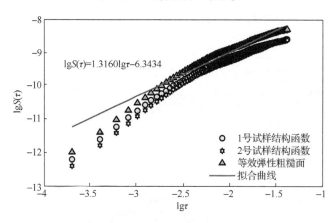

$\lg S(\tau) = 1.3160\lg\tau - 6.3434$

○ 1号试样结构函数
✿ 2号试样结构函数
△ 等效弹性粗糙面
—— 拟合曲线

图 2.15　各表面结构函数及等效结构函数拟合曲线

　　根据式（2.17）将两粗糙面的结构函数叠加即可将该接触问题转化为刚性光滑平面与等效弹性粗糙面的接触。图 2.15 中的实线展示了双对数坐标中的等效结构函数及其拟合曲线。同样的，根据等效结构函数拟合曲线的斜率和截距，即可求得等效弹性粗糙面的分形维数和尺度系数。综合以上，求得各表面分形参数，如表 2.1 所示。

表2.1 各表面分形参数

粗糙面	分形维数 D	尺度系数 G
试样 1 表面	1.3656	1.151×10^{-10}
试样 2 表面	1.3138	3.916×10^{-12}
等效弹性粗糙面	1.3420	1.110×10^{-11}

2.5 本章小结

（1）本章主要提出了一种用参数表征具有微织构形貌的粗糙表面的形貌特征的方法。将具有微织构形貌的粗糙表面分为无织构区域和织构区域两个部分。运用当下比较热门的分形理论中的 W-M 函数表征无织构区域的形貌特征；对于织构区域的表征，则采用叠加的方法，在粗糙表面的基础上加上织构的形状分布，形成最终的微织构表面。对于微织构表面具有多种不同类型织构的情况，也能够根据织构的类型分别进行表征，然后叠加表面的形貌特征，形成复杂的微织构表面。

（2）运用 MATLAB 软件，根据表征方程，仿真分析方程中的参数对微织构表面形貌的影响。无织构区域的两个参数中，分形维数 D 主要影响表面轮廓高度的变化频率，随着分形维数 D 逐渐增大，表面轮廓高度变化越来越剧烈，变化频率越来越快；尺度系数 G 主要影响表面轮廓高度的变化范围，随着尺度系数 G 的减小，微观轮廓高度的变化幅度也以同样的比例减小。对于织构区域的表征参数，不同的织构独立参数的个数不同，参数的大小主要影响织构在表面的分布，以及织构的形状特征。

第 3 章　具有微织构形貌的结合面法向接触刚度研究

在机械系统中，零部件之间存在着大量的机械结合面。这些结合面在微观尺度下都呈现出凹凸不平的形貌特征，正是这种凹凸不平的形貌特征使得各个结合面之间的接触特性也不相同。这些结合面的接触特性在整个机械系统的性能中占很大一部分，接触刚度就是其中一个非常重要的特征参数，对于整个机械系统的性能具有非常重要的影响。随着机械系统向着轻量化、高精密度的方向发展，对结合面接触参数的研究成为热门话题，自从经典的接触模型 GW 模型和 WA 模型等被提出以来，各学者在结合分形几何以及接触力学等相关理论的基础上，研究粗糙表面单个微凸体的变形过程，分析微凸体在各个条件下的接触状态，建立整个粗糙表面的接触理论分形模型。但这些研究都是建立在结合面是无织构粗糙表面的基础上的。

近年来，由于表面织构技术的发展，表面微织构形貌对结合面物理属性的影响受到了越来越多学者的关注。Pettersson 等[29]研究发现，具有微织构形貌的粗糙表面的摩擦磨损性能得到明显改善。于海武等[40]发现凹坑型织构表面的凹坑形状会影响表面的摩擦学性能。Arghir 等[41]通过研究得到微织构表面的织构形貌会减小滑动界面的摩擦因数的结论。并且一些学者经过研究发现，通过在平面上加工微织构可以很好地提高表面的物理属性，但是这些都只研究了表面织构对摩擦磨损的影响。张艺等[13]通过实验的方法研究了具有微织构形貌的粗糙表面的接触特性，但并未从理论上对微织构结合面间的接触特性进行研究。

鉴于此，本章在粗糙表面接触模型的基础上，考虑微织构结合面上的织构形貌对基础参数的影响，基于第 2 章中微织构表面表征方程的参数，建立具有微织构形貌的结合面间的法向静态、动态接触刚度理论计算模型。并通过数字仿真计算，分析微织构表面形貌特征参数对法向静态、动态接触刚度的影响，为微织构结合面的接触研究提供理论依据。

3.1　具有微织构形貌的结合面的接触模型

如第 2 章所述，根据微织构表面的加工过程及其形貌特征，将微织构表面分为无织构区域和织构区域两个部分。本节中将两个具有微织构形貌的表面相接触简化为光滑刚性平面和微织构表面相接触，由于微织构表面的形貌特征，两个表面相接触的时候，织构区域未接触（图 3.1）。因此，对于具有微织构形貌的结合面间的接触行为，也应分为两个部分分别考虑。

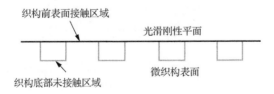

图 3.1　微织构表面与光滑刚性平面接触

3.1.1 织构区域的接触状态以及参数计算

由于微织构表面的形貌特征，两个表面相接触时，微织构表面上的织构区域未与另外一个表面接触，从而减小了结合面的接触面积。因此，织构区域对结合面接触特性的影响因素主要是织构区域的分布特征。在第 2 章中，不同的参数取值表明不同类型的表面织构，这对于微织构表面的接触特性的计算是很麻烦的。为了使所建模型能够适用于更多的情况，用织构密度 ζ 表征微织构表面上织构区域的特征，此参数数值可以用不同类型织构表面的基本参数计算获得。比如沟槽型织构表面的织构区域有沟槽宽度 w、深度 h 以及沟槽间距 d 三个相互独立的参数，则其织构密度可由下式计算得出：

$$\zeta = \frac{d}{w} \times 100\% \tag{3.1}$$

圆形凹坑型织构表面的织构区域有凹坑直径 d、深度 h、x 方向间距 d_1 以及 y 方向间距 d_2 四个相互独立的参数，则其织构密度由下式计算得出：

$$\zeta = \frac{\pi d^2}{4 d_1 d_2} \times 100\% \tag{3.2}$$

3.1.2 无织构区域的接触状态以及参数计算

无织构区域作为微织构结合面上的接触区域，在微观状态下，呈现出粗糙不平的形貌特征，由许许多多的微凸体组成。图 3.2 为微观尺度下的无织构区域与光滑刚性平面的接触示意图。

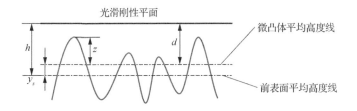

图 3.2　无织构区域与光滑刚性平面接触示意图

图 3.2 中，h 为两表面之间的距离；z 为无织构区域单个微凸体的高度；d 为光滑刚性平面与前表面微凸体平均高度线之间的距离；y_s 为无织构区域微凸体的平均高度。

目前，关于结合面的普遍研究是将结合面看成无织构区域上所有微凸体的结合，将微观状态下的微凸体近似为等效球体，其等效曲率半径为 R。在第 2 章中，用分形维数 D 和尺度系数 G 两个参数表征无织构区域的形貌特征，微凸体的等效曲率半径 R 以及无织构区域的高度方差 σ_s 可根据分形维数 D 和尺度系数 G 以及表面材料的属性计算得出，计算公式如下所示[14]：

$$R = \frac{\left(a'\right)^{D/2}}{2^{4-2D}\pi^{D/2}G^{D-1}\sqrt{\ln\gamma}} \tag{3.3}$$

$$\sigma_s = \left(\frac{1}{2\ln\gamma\left(4-2D\right)}\right)^{\frac{1}{2}}G^{D-1}L^{2-D} \tag{3.4}$$

式中，D ——轮廓的分形维数；

　　　G ——反映轮廓大小的特征尺度系数；

　　　γ ——随机轮廓的空间频率，一般取 $\gamma = 1.5$；

　　　L ——采样长度；

a' ——中间变量，其值为

$$a' = \left(\frac{2^{9-2D} \pi^{D-3} G^{2D-2} E^2 \ln \gamma}{\lambda^2 H^2} \right)^{1/(D-1)}$$ （3.5）

其中，λ ——平均接触面压系数，$\lambda = 0.4645 + 0.314\nu$，$\nu$ 为织构面材料的泊松比；

$\quad\quad H$ ——材料的硬度，$H = 2.8Y$，Y 为材料的屈服强度；

$\quad\quad E$ ——等效弹性模量。

当在微织构结合面上施加法向载荷时，微观状态下的单个微凸体在法向载荷的作用下发生变形，其法向变形量 $\omega = z - d$，如图 3.3 所示。

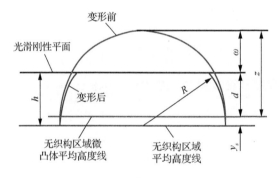

图 3.3　单个微凸体与光滑刚性平面的接触状态

由材料力学相关理论可知，在接触载荷很小的时候，微凸体变形量 ω 较小，这时微凸体处于完全弹性变形状态。随着接触载荷的增大，微凸体的变形量 ω 也逐渐变大，当微凸体变形量增大到其临界变形量时，微凸体在接触载荷作用下的变形开始部分转变为塑性变形，这时微凸体处于弹塑性变形状态，临界变形量的值由微织构表面的材料属性决定，可由下式计算：

$$\omega_e = \left(\frac{\pi C Y}{2E} \right)^2 R$$ （3.6）

式中，$C = 1.295\exp(0.736\nu)$；

$$E = \left(\frac{1-\nu_1^2}{E_1} + \frac{1-\nu_2^2}{E_2}\right)^{-1}$$，E 为等效弹性模量，其中 E_1、E_2 分别为两接触表面

所用材料的弹性模量，ν_1、ν_2 分别为两种材料的泊松比。

随着接触载荷的不断增加，微凸体的变形量 ω 继续变大。当变形量 ω 由 ω_e 增大到 ω_p 时，微凸体进入完全塑性变形阶段[42]，研究表明，$\omega_p = 110\omega_e$。

3.2 具有微织构形貌的结合面法向静态接触刚度理论建模

3.2.1 单个微凸体的法向静态接触刚度

由 3.1 节中微凸体的变形过程可知，无织构区域上的微凸体在法向接触载荷的作用下产生法向变形，随着法向接触载荷由小变大，微凸体经历了完全弹性变形、弹塑性变形和完全塑性变形三个阶段。

微凸体在三个变形阶段的接触刚度计算方法如下。

（1）完全弹性变形阶段，其变形量 $\omega < \omega_e$，在这个阶段微凸体受到的接触载荷为 w_e，其表达式为

$$w_e = \frac{4}{3}ER^{\frac{1}{2}}\omega^{\frac{3}{2}} \tag{3.7}$$

单个微凸体的法向接触刚度可表示为

$$k = \frac{dw}{d\omega} \tag{3.8}$$

因此，在完全弹性变形阶段，单个微凸体的接触刚度 k_e 可表示为

$$k_e = 2ER^{\frac{1}{2}}\omega^{\frac{1}{2}}, \quad \omega < \omega_e \tag{3.9}$$

（2）弹塑性变形阶段，其变形量 ω 的范围为 $[\omega_e, \omega_p]$，这个阶段微凸体受到的接触载荷 w_{ep} 的表达式为

$$w_{ep} = \pi HR\omega\left(1 - (1-\lambda)\frac{\ln\omega_p - \ln\omega}{\ln\omega_p - \ln\omega_e}\right)f_1(\omega) \tag{3.10}$$

式中，

$$f_1(\omega) = 1 - 2\left(\frac{\omega - \omega_e}{\omega_p - \omega_e}\right)^3 + 3\left(\frac{\omega - \omega_e}{\omega_p - \omega_e}\right)^2 \tag{3.11}$$

因此，在弹塑性变形阶段，单个微凸体的接触刚度 k_{ep} 可表示为

$$k_{ep} = \pi RH\omega\left(1 - (1-\lambda)\frac{\ln\omega_p - \ln\omega}{\ln\omega_p - \ln\omega_e}\right)f_2(\omega) + \pi RH\left[(1-\lambda)\right]f_1(\omega)$$

$$+ \pi RH\left(1 - (1-\lambda)\frac{\ln\omega_p - \ln\omega}{\ln\omega_p - \ln\omega_e}\right)f_1(\omega), \quad \omega_e \leqslant \omega \leqslant \omega_p \tag{3.12}$$

式中，

$$f_2(\omega) = 6\frac{\omega - \omega_e}{\omega_p - \omega_e} - 6\left(\frac{\omega - \omega_e}{\omega_p - \omega_e}\right)^2 \tag{3.13}$$

（3）完全塑性变形阶段，其变形量 $\omega > \omega_p$，这个阶段微凸体受到的接触载荷 w_p 的表达式为

$$w_p = 2\pi RH\omega \tag{3.14}$$

在这个阶段，单个微凸体的法向接触刚度 k_p 可表示为

$$k_p = 2\pi RH \tag{3.15}$$

无织构区域上的微凸体在接触载荷的作用下产生变形，前后经历了三种不同

的变形状态。每个微凸体由于高度不同，所以在相同的表面距离 d 下，每个微凸体的变形状态也不一样，在同一时刻，结合面上同时具有三种变形状态的微凸体。而对于织构区域未接触的微凸体，由于未产生变形，可以忽略不计。具有微织构形貌的结合面上所有产生变形的微凸体的法向接触载荷 w_p 的集合和法向接触刚度 k_p 的集合就是整个结合面的法向接触载荷 W_n 与法向接触刚度 K_n。

3.2.2 具有微织构形貌的结合面法向静态接触刚度

由于织构区域未接触，微织构结合面的接触在微观状态下为无织构区域上微凸体的接触，宏观上微织构结合面的法向接触载荷和法向接触刚度可以看成无织构区域上所有微凸体的法向接触载荷的总和和法向接触刚度的总和。

假设在名义接触面积内，微织构结合面上微凸体的数量为 A_n，结合面具有微织构形貌，使得织构区域的微凸体一直处于未接触状态。大量研究表明，机械加工表面的微凸体高度服从高斯分布[14]。因此，对于给定的某一表面距离 d，在名义接触面积内，受到载荷作用而产生变形的微凸体的数量的期望值为

$$n = (1-\zeta)N\int_d^\infty \phi(z)\mathrm{d}z = (1-\zeta)\eta A_n\int_d^\infty \phi(z)\mathrm{d}z \qquad (3.16)$$

式中，ζ ——微织构表面的织构密度；

η ——单位面积上微凸体密度；

$\phi(z)$ ——前表面微凸体高度呈正态分布的概率密度函数。

假设无织构区域的微观形貌各向同性，然后忽略前表面上各微凸体之间

的相互作用，根据前文单个微凸体的接触载荷和法向接触刚度的计算模型，可得到整个织构结合面的法向接触载荷 W_n 和法向接触刚度 K_n 计算公式，如下所示：

$$W_n(d) = w_e(d) + w_{ep}(d) + w_p(d)$$

$$= (1-\zeta)N\int_d^{d+\omega_e} w_e\phi(z)\mathrm{d}z + (1-\zeta)N\int_{d+\omega_e}^{d+\omega_p} w_{ep}\phi(z)\mathrm{d}z + (1-\zeta)N\int_{d+\omega_p}^{\infty} w_p\phi(z)\mathrm{d}z$$

$$= \frac{4}{3}(1-\zeta)\eta AER^{1/2}\int_d^{d+\omega_e} \omega^{3/2}\phi(z)\mathrm{d}z$$

$$+ (1-\zeta)\eta A\pi RH\int_{d+\omega_e}^{d+\omega_p} f_1(\omega)\left(1-(1-\lambda)\frac{\ln\omega_p-\ln\omega}{\ln\omega_p-\ln\omega_e}\right)\omega\phi(z)\mathrm{d}z$$

$$+ 2(1-\zeta)\pi\eta AHR\int_{d+\omega_p}^{\infty} \omega\phi(z)\mathrm{d}z \tag{3.17}$$

$$K_n(d) = k_e(d) + k_{ep}(d) + k_p(d)$$

$$= (1-\zeta)N\int_d^{d+\omega_e} k_e\phi(z)\mathrm{d}z + (1-\zeta)N\int_{d+\omega_e}^{d+\omega_p} k_{ep}\phi(z)\mathrm{d}z + (1-\zeta)N\int_{d+\omega_p}^{\infty} k_p\phi(z)\mathrm{d}z$$

$$= 2(1-\zeta)\eta AER^{1/2}\int_d^{d+\omega_e} \omega^{1/2}\phi(z)\mathrm{d}z$$

$$+ (1-\zeta)\eta A\pi RH\int_{d+\omega_e}^{d+\omega_p} f_2(\omega)\left(1-(1-\lambda)\frac{\ln\omega_p-\ln\omega}{\ln\omega_p-\ln\omega_e}\right)\omega\phi(z)\mathrm{d}z$$

$$+ (1-\zeta)\eta A\pi RH\int_{d+\omega_e}^{d+\omega_p} f_1(\omega)\left((1-\lambda)\frac{1}{\ln\omega_p-\ln\omega_e}\right)\phi(z)\mathrm{d}z$$

$$+ (1-\zeta)\eta A\pi RH\int_{d+\omega_e}^{d+\omega_p} f_1(\omega)\left(1-(1-\lambda)\frac{\ln\omega_p-\ln\omega}{\ln\omega_p-\ln\omega_e}\right)\phi(z)\mathrm{d}z$$

$$+ 2(1-\zeta)\pi\eta AHR\int_{d+\omega_p}^{\infty} \phi(z)\mathrm{d}z \tag{3.18}$$

通过归一化处理将式（3.17）和式（3.18）转变为无量纲表达式，使模型能够适用于更多的情况。推导出无量纲法向接触载荷 W_n^* 和无量纲法向接触刚度 K_n^* 的计算公式：

$$W_n^* = \frac{4}{3}(1-\zeta)\beta\left(\frac{\sigma}{R}\right)^{1/2}\int_{h^*-y_s^*}^{h^*-y_s^*+\omega_e^*}(\omega)^{*3/2}\phi^*(z^*)\mathrm{d}z^*$$

$$+ \frac{(1-\zeta)\pi H\beta}{E}\int_{h^*-y_s^*+\omega_e^*}^{h^*-y_s^*+\omega_p^*}\omega^*f_1^*(\omega^*)f_2^*(\omega^*)\phi^*(z^*)\mathrm{d}z^*$$

$$+ \frac{(1-\zeta)2\pi H\beta}{E}\int_{h^*-y_s^*+\omega_p^*}^{\infty}\omega^*\phi^*(z^*)\mathrm{d}z^* \qquad (3.19)$$

式中，$f_1^*(\omega^*) = 1 - 2\left(\dfrac{\omega^*-\omega_e^*}{\omega_p^*-\omega_e^*}\right)^3 + 3\left(\dfrac{\omega^*-\omega_e^*}{\omega_p^*-\omega_e^*}\right)^2$；

$f_2^*(\omega^*) = 1 - (1-\lambda)\dfrac{\ln\omega_p^*-\ln\omega^*}{\ln\omega_p^*-\ln\omega_e^*}$；

σ ——表面高度平均方差；

$\beta = \eta\sigma R$，β——粗糙度参数；

$h^* = h/\sigma$，h^*——无量纲表面间距；

$y_s^* = y_s/\sigma$，$y_s = 0.045944/\beta$，y_s^*——无量纲无织构区域微凸体平均高度；

$\omega^* = \omega/\sigma$，$\omega = z-h+y_s$，ω^*——无量纲法向变形量；

$\phi^*(z^*) = \dfrac{(\sigma/\sigma_s)}{\sqrt{2\pi}\exp\left(-0.5(\sigma/\sigma_s)^2(z)^{*2}\right)}$，$\Phi^*(z^*)$——无量纲前表面微凸体高度

分布函数；

$z^* = z/\sigma$，z^*——无量纲无织构区域微凸体高度；

$\omega_e^* = \omega_e/\sigma$，$\omega_e^*$——无量纲微凸体完全弹性临界变形量；

$\omega_p^* = \omega_p/\sigma$，$\omega_p^*$——无量纲微凸体完全塑性法向临界变形量。

$$
\begin{aligned}
K_n^* = {} & \frac{2(1-\zeta)\beta\sqrt{A}}{\sqrt{\sigma R}} \int_{h^*-y_s^*}^{h^*-y_s^*+\omega_e^*} (\omega)^{*1/2}\phi^*(z^*)\mathrm{d}z^* \\
& + \frac{(1-\zeta)\pi\beta H\sqrt{A}}{E} \int_{h^*-y_s^*+\omega_e^*}^{h^*-y_s^*+\omega_p^*} \omega^* f_2^*(\omega^*) f_3^*(\omega^*)\phi^*(z^*)\mathrm{d}z^* \\
& + \frac{(1-\zeta)\pi\beta H\sqrt{A}}{E\sigma} \int_{h^*-y_s^*+\omega_e^*}^{h^*-y_s^*+\omega_p^*} f_1^*(\omega^*) f_4^*(\omega^*)\phi^*(z^*)\mathrm{d}z^* \\
& + \frac{(1-\zeta)\pi\beta H\sqrt{A}}{E\sigma} \int_{h^*-y_s^*+\omega_e^*}^{h^*-y_s^*+\omega_p^*} f_1^*(\omega^*) f_2^*(\omega^*)\phi^*(z^*)\mathrm{d}z^* \\
& + \frac{2(1-\zeta)\pi\beta H\sqrt{A}}{E\sigma} \int_{h^*-y_s^*+\omega_p^*}^{\infty} \phi^*(z^*)\mathrm{d}z^*
\end{aligned}
\tag{3.20}
$$

式中，$f_3^*(\omega^*) = \dfrac{6(\omega^* - \omega_e^*)}{\omega_p^* - \omega_e^*} - 6\left(\dfrac{\omega^* - \omega_e^*}{\omega_p^* - \omega_e^*}\right)^2$；

$f_4^*(\omega^*) = (1-\lambda)\dfrac{1}{\ln\omega_p^* - \ln\omega_e^*}$。

3.2.3 不同因素对微织构结合面的法向静态接触刚度的影响规律分析

由上述理论可以看出，当接触载荷增加时，两表面之间的距离变小，微凸体前后经历三种变形状态。在 GW 模型中，为了衡量微凸体在给定接触状态下是弹性接触还是塑性接触，研究者提出了塑性指数的概念。该参数将材料自身的物理性质与接触表面的微观形貌特征相结合。其值反映了粗糙表面上的微凸体从弹性变形状态转变为塑性变形状态的难易程度，值的大小由粗糙表面的物理属性和微观形貌特征决定。通过典型的工程表面试验，可以测得参数 β 和 σ/R 的值，它们的大小决定了粗糙表面的微观形貌特征。塑性指数的计算表达式如下：

$$
\psi = \frac{2E}{1.5\pi kH}\left(\frac{\sigma}{R}\right)^{1/2}\left(1 - \frac{3.717\times10^{-4}}{\beta}\right)^{1/4}
\tag{3.21}
$$

微织构结合面在受到法向静态接触载荷作用时的接触刚度受到很多因素的影响，本小节将根据 3.1 节中的参数计算结果，分别分析塑性指数以及织构密度对法向静态接触刚度的影响规律。

以 45#钢材料表面的接触为仿真对象，材料的属性参数为：$E_1 = E_2 = 207\text{GPa}$，$H = 1.96\text{GPa}$，泊松比 $\nu_1 = \nu_2 = 0.29$。

1. 塑性指数对微织构结合面的法向静态接触刚度的影响

根据式（3.19）和式（3.20），利用仿真分析研究塑性指数对无量纲法向接触载荷 W_n^* 与无量纲法向接触刚度 K_n^* 之间关系的影响。

图 3.4 表示织构密度 $\zeta = 10\%$ 时，不同塑性指数下法向静态接触载荷对法向静态接触刚度的影响规律。从图中曲线可以看出，当微织构结合面之间的接触载荷不断增加时，在不同的塑性指数下，结合面的无量纲法向接触刚度都呈现单调上升趋势。这是因为随着接触载荷的增大，结合面之间的距离变小，产生变形的微凸体的数量也越来越多，并且进入塑性变形状态的微凸体的数量也越来越多，从而增大结合面的接触刚度。

同时，塑性指数变大，使得微织构结合面之间的接触刚度增加，并且法向载荷越大，法向接触刚度的差距越明显。这是因为塑性指数越小，在相同的接触载荷下，无织构区域上处于弹性变形状态的微凸体的数量就越多。由图 3.4 中曲线能够看出，在较小的塑性指数下，两者的关系曲线近似呈现线性关系，当塑性指数增大到一定程度时，曲线呈现一定的非线性关系，并且越来越强烈，这是因为塑性指数增大，会使得在相同的接触载荷下，进入塑性变形状态的微凸体的数量大大增加。

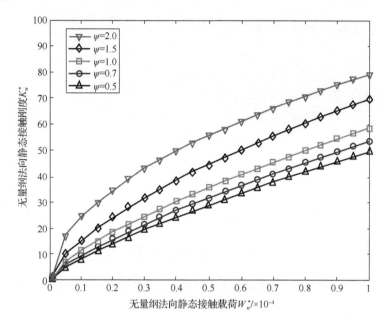

图 3.4　不同塑性指数下法向静态接触载荷对法向静态接触刚度的影响规律

2. 织构密度对微织构结合面的法向静态接触刚度的影响

设定塑性指数 $\psi = 1.5$，织构密度取不同值，如图 3.5 所示，织构密度的增加会使得微织构结合面的接触刚度变小，这是因为结合面上织构形貌的存在，使得两个面相接触时发生形变的微凸体数量减少，从而减小结合面的法向静态接触刚度。并且随着织构密度的增大，法向静态接触刚度增加的速度减慢。所以结合面上织构形貌的存在，会减小结合面上的法向静态接触刚度，并且随着法向静态接触载荷的增大，织构形貌的这种影响会越来越明显。

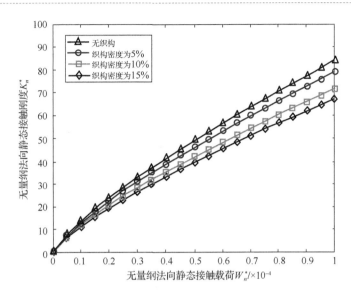

图 3.5　不同织构密度下法向静态接触载荷对法向静态接触刚度的影响规律

3.3　具有微织构形貌的结合面法向动态接触刚度理论建模

在实际情况中，当机械设备处于运转状态时，机械系统中的结合面往往要受到动态载荷的作用，会表现出与在静态载荷作用下的结合面不同的接触刚度特性。

当微织构结合面受到动态载荷的作用时，微凸体会在法向产生一个随时间 t 变化的动态变形波动，其法向动态变形量为 $\omega = z - (d - d_0 \sin at)$。其中，$d_0$ 为微凸体动态变形的幅值，$a / 2\pi$ 为微凸体动态变形的振动频率。

3.3.1　单个微凸体的法向动态接触刚度

结合面在受到静态载荷的时候，由于结合面上的微凸体变形状态的不同，微凸体在每个阶段的接触刚度的计算方法也不相同。但是在实际情况中，结合面往往会受到动态载荷的作用，使得微凸体的变形量在静态载荷的基础上产生波动。这种波动可以看成微凸体在静态变形基础上的扰动。

假设微凸体在动态载荷下的变形波动周期为 T，则微凸体每个阶段的平均载荷就可以表示为

$$W_e = \frac{4ER^{1/2}}{3T}\int_0^T \omega^{3/2}\mathrm{d}t, \quad \omega < \omega_e \tag{3.22}$$

$$W_{ep} = \frac{\pi RH}{T}\int_0^T \omega\left(1-(1-\lambda)\frac{\ln\omega_p - \ln\omega}{\ln\omega_p - \ln\omega_e}\right)f_1(\omega)\mathrm{d}t, \quad \omega_e \leqslant \omega \leqslant \omega_p \tag{3.23}$$

$$W_p = \frac{2\pi RH}{T}\int_0^T \omega\mathrm{d}t, \quad \omega > \omega_p \tag{3.24}$$

并且微凸体在每个阶段的平均法向接触刚度为

$$K_e = \frac{2ER^{1/2}}{T}\int_0^T \omega^{1/2}\mathrm{d}t, \quad \omega < \omega_e \tag{3.25}$$

$$
\begin{aligned}
K_{ep} = &\frac{\pi RH}{T}\int_0^T \omega\left(1-(1-\lambda)\frac{\ln\omega_p - \ln\omega}{\ln\omega_p - \ln\omega_e}\right)f_2(\omega)\mathrm{d}t \\
&+ \frac{\pi RH}{T}\int_0^T\left((1-\lambda)\frac{1}{\ln\omega_p - \ln\omega_e}\right)f_1(\omega)\mathrm{d}t \\
&+ \frac{\pi RH}{T}\int_0^T\left(1-(1-\lambda)\frac{\ln\omega_p - \ln\omega}{\ln\omega_p - \ln\omega_e}\right)f_1(\omega)\mathrm{d}t, \quad \omega_e \leqslant \omega \leqslant \omega_p
\end{aligned}\tag{3.26}
$$

$$K_p = 2\pi RH, \quad \omega > \omega_P \tag{3.27}$$

上述方程式用微凸体在动态载荷作用下产生波动一个周期内的平均法向接触刚度表示微凸体的动态接触刚度。而整个微织构表面的动态接触刚度则可以表示为表面上所有微凸体的动态接触刚度之和。

3.3.2　具有微织构形貌的结合面的法向动态接触刚度

同静态接触载荷作用下的假设一样，在名义接触面积 A 内，微织构结合面上微凸体的数量为 N，无织构区域的微观形貌各向同性，忽略前表面上各微凸体之间的相互作用。根据前文单个微凸体的法向动态接触载荷和法向动态接触刚度的计算模型，可得到整个织构结合面的法向动态接触载荷 W_n 和法向动态接触刚度 K_n 的计算公式，如下所示：

$$W_n(d) = W_e(d) + W_{ep}(d) + W_p(d)$$

$$= (1-\zeta)N\int_d^{d+\omega_e} W_e\phi(z)\mathrm{d}z + (1-\zeta)N\int_{d+\omega_e}^{d+\omega_p} W_{ep}\phi(z)\mathrm{d}z + (1-\zeta)N\int_{d+\omega_p}^{+\infty} W_p\phi(z)\mathrm{d}z$$

$$= \frac{4EAR^{1/2}(1-\zeta)\eta}{3T}\int_d^{d+\omega_e}\left(\int_0^T \omega^{3/2}\mathrm{d}t\right)\phi(z)\mathrm{d}z$$

$$+ \frac{\pi HR(1-\zeta)A\eta}{T}\int_{d+\omega_e}^{d+\omega_p}\left(\int_0^T \omega\left(1-(1-\lambda)\frac{\ln\omega_p-\ln\omega}{\ln\omega_p-\ln\omega_e}\right)f_1(\omega)\mathrm{d}t\right)\phi(z)\mathrm{d}z$$

$$+ \frac{2\pi HR(1-\zeta)A\eta}{T}\int_{d+\omega_p}^{+\infty}\left(\int_0^T \omega\mathrm{d}t\right)\phi(z)\mathrm{d}z \tag{3.28}$$

$$K_n(d) = K_e(d) + K_{ep}(d) + K_p(d)$$

$$= (1-\zeta)N\int_d^{d+\omega_e} K_e\phi(z)\mathrm{d}z + (1-\zeta)N\int_{d+\omega_e}^{d+\omega_p} K_{ep}\phi(z)\mathrm{d}z + (1-\zeta)N\int_{d+\omega_p}^{+\infty} K_p\phi(z)\mathrm{d}z$$

$$= \frac{2\eta(1-\zeta)AER^{1/2}}{T}\int_d^{d+\omega_e}\left(\int_0^T \omega^{1/2}\mathrm{d}t\right)\phi(z)\mathrm{d}z + 2\pi\eta(1-\zeta)ARH\int_{d+\omega_p}^{+\infty}\phi(z)\mathrm{d}z$$

$$+ \frac{\pi\eta(1-\zeta)ARH}{T}\int_{d+\omega_e}^{d+\omega_p}\left(\int_0^T \omega\left(1-(1-\lambda)\frac{\ln\omega_p-\ln\omega}{\ln\omega_p-\ln\omega_e}\right)f_2(\omega)\mathrm{d}t\right)\phi(z)\mathrm{d}z$$

$$+ \frac{\pi\eta(1-\zeta)ARH}{T}\int_{d+\omega_e}^{d+\omega_p}\left(\int_0^T (1-\lambda)\frac{1}{\ln\omega_p-\ln\omega_e}f_1(\omega)\mathrm{d}t\right)\phi(z)\mathrm{d}z$$

$$+ \frac{\pi\eta(1-\zeta)ARH}{T}\int_{d+\omega_e}^{d+\omega_p}\left(\int_0^T \left(1-(1-\lambda)\frac{\ln\omega_p-\ln\omega}{\ln\omega_p-\ln\omega_e}\right)f_1(\omega)\mathrm{d}t\right)\phi(z)\mathrm{d}z$$

$$\tag{3.29}$$

3.3.3　不同因素对微织构结合面法向动态接触刚度的影响规律分析

在动态载荷作用下的微织构结合面动态接触刚度的大小，不仅受到结合面自身属性（材料、表面形貌等）的影响，当微织构结合面受到不同的动态载荷作用时，其动态接触刚度也会变化。本节主要分析织构表面的织构密度对微织构结合面法向动态接触刚度的影响，同时也研究微观状态下，微织构表面在动态载荷作用下产生的动态变形的振动幅值和频率对法向动态接触刚度的影响。

以 45# 钢材料表面的接触为仿真对象，表面微凸体的曲率半径为 7.21×10^{-4} mm，名义接触面积为 35mm² 。

1.　接触载荷对微织构结合面法向动态接触刚度的影响

设定微凸体在动态接触载荷作用下产生的波动的动态位移幅值为 20nm，频率为 20Hz。图 3.6 为不同织构密度的微织构结合面在此种情况下的法向动态接触载荷与法向动态接触刚度的关系。从图中可以看出，微织构表面的法向动态接触刚度随着法向动态接触载荷的增大，整体呈上升趋势，但织构密度大的微织构结合面的法向动态接触刚度明显小于织构密度小甚至无织构的结合面的法向动态接触刚度，这是符合实际情况的。当微织构结合面的法向动态接触刚度不断增大时，织构密度越小的微织构结合面间的法向动态接触刚度增加得越快，这是因为织构密度越大，在两个表面相接触时，微织构表面上因为法向动态接触载荷的作用而产生变形的微凸体就越少，从而表现出结合面间的动态接触刚度变小。但是随着结合面间的法向动态接触载荷的继续增大，不同织构密度的微织构结合面间的法向动态接触刚度的这种差异产生变小的趋势，这是由于随着法向动态接触载荷的不断增大，越来越多的微凸体进入塑性变形阶段，在法向动态接触载荷相同的情况下，织构密度越大的表面单位面积上的微凸体承受的压力就越大，微凸体的变形就越大，其抵抗变形的能力越强，因此表现出不同织构密度的微织构结合面间的法向动态接触刚度差异变小的趋势。

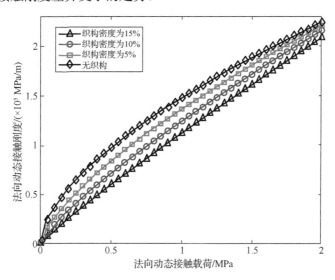

图 3.6　不同织构密度下法向动态接触载荷与法向动态接触刚度的关系

2. 静态动态载荷对微织构结合面的法向动态接触刚度的影响对比

在相同的载荷条件下，设定微织构结合面的织构密度为 10%，图 3.7 所示为此种条件下微织构结合面法向静态、动态接触刚度对比。从图中可以看出，微织构结合面的法向动态接触刚度与法向静态接触刚度在法向接触载荷增大的过程中基本一致，但是法向动态接触刚度要略小于法向静态接触刚度。

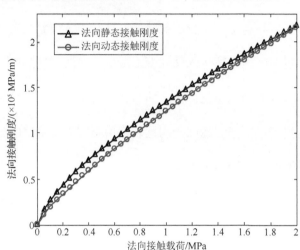

图 3.7　微织构结合面在静态载荷和动态载荷下的法向接触刚度对比

3. 微织构结合面动态变形的振动幅值对法向动态接触刚度的影响

由于微织构结合面在静态载荷和动态载荷下的法向接触刚度相差不大，难以从图上看出结合面振动变形的幅值对动态接触刚度的影响规律，因此采用微织构结合面在动静态载荷下的接触刚度之差来衡量动态载荷的幅值对接触刚度的影响。

当微织构结合面的法向接触载荷为 1.5MPa，动态变形的频率分别为 50Hz、100Hz、150Hz 时，其动态变形的振动幅值与法向动静态接触刚度之差的关系曲线如图 3.8 所示。从图中可以看出，在动态载荷条件下，微织构结合面动态变形的振动幅值对法向动态接触刚度产生影响。当微织构结合面受到一定的静态载荷时，随着微织构结合面动态变形的振动幅值的增大，结合面法向动静态接触刚度之差也不断增大。由于法向动态接触刚度增量随动态相对位移幅值变化的幅度减小，

但是随着振动变形的频率的增大,因此结合面法向动静态接触刚度之差越来越大。

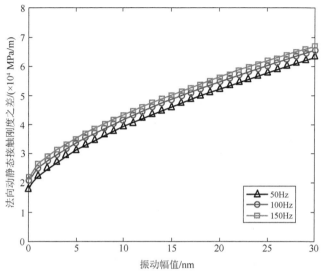

图 3.8　微织构表面动态变形的振动幅值与法向动静态接触刚度之差的关系

4. 微织构结合面动态变形的振动频率对法向动态接触刚度的影响

当微织构结合面的法向接触载荷为 1.5MPa,动态变形的幅值分别为 15nm、20nm、25nm 时,其动态变形的振动频率与法向动静态接触刚度之差的关系曲线如图 3.9 所示。从图中可以看出,在动态载荷的条件下,微织构结合面的法向动态变形的振动频率对法向动态接触刚度产生影响。随着微织构结合面的法向动态变形的振动频率的增大,法向动静态接触刚度之差呈非线性增大趋势,但是增大速率随频率的增大而减小。当微织构结合面的动态变形的振动频率增大到一定程度后,法向动静态接触刚度之差的增加速率变得非常小,法向动静态接触刚度之差几乎不再变化。

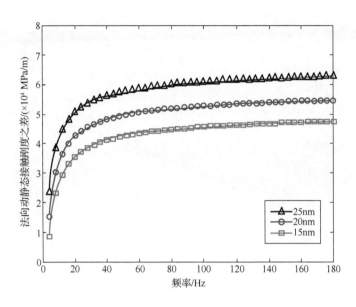

图 3.9　微织构表面动态变形的振动频率与法向动静态接触刚度之差的关系

虽然微织构表面的织构密度以及微织构结合面在动态载荷作用下产生动态变形的振动频率和幅值对微织构结合面的法向动态接触刚度的影响程度很小，但是对于轻量化的机械系统，为了提高其精密度以及稳定性，还是有必要考虑这些影响的。

3.4　本　章　小　结

本章在粗糙表面接触模型的基础上，建立微织构表面法向静态、动态接触刚度理论计算模型。研究具有微织构形貌的结合面的形貌参数对法向静态、动态接触刚度的影响。结合第 2 章中的理论分析部分，将微织构结合面的接触行为分为无织构区域和织构区域两部分，建立微织构结合面的接触模型，然后分别计算微织构结合面上单个微凸体在不同变形阶段的法向静态、动态接触刚度，由此求出整个微织构结合面的法向静态、动态接触刚度。并通过数值仿真分析不同因素对法向静态、动态接触刚度的影响。研究发现：

（1）塑性指数和织构密度都会对微织构结合面的法向接触刚度产生影响。在不同的塑性指数与织构密度下，两表面之间载荷的增加，会减小两表面之间的距离，使得转变为塑性变形状态的微凸体的数量增多，从而使微织构结合面的接触刚度变大，但会因为塑性指数和织构密度的不同，形成不同程度的上升趋势。塑性指数的增大，会使得在相同的接触载荷下，无织构区域上处于塑性变形阶段的微凸体的数量增多，从而增加微织构结合面的接触刚度，并且当塑性指数增加到一定程度时，两表面之间接触载荷和法向接触刚度关系曲线的曲率变大，从而表现出强非线性关系。而微织构结合面织构密度的增大，会使结合面上更多的微凸体在面与面相接触时不产生变形，从而减小结合面的刚度，微凸体由于载荷的增大向塑性变形状态转化时，这种效果会变得更加明显。

（2）微织构结合面的法向动态接触刚度随着法向动态接触载荷的增大，整体呈上升趋势，但织构密度大的微织构结合面的法向动态接触刚度明显小于织构密度小的微织构结合面的法向动态接触刚度。并且随着结合面间的法向动态接触载荷的继续增大，不同织构密度的微织构结合面间的法向动态接触刚度的这种差异会慢慢变小。

（3）动态载荷作用下微织构结合面的法向动态接触刚度略小于静态载荷作用下微织构结合面的法向动态接触刚度，这种差异会随着微织构结合面在动态载荷作用下产生动态变形的振动频率和幅值的增大而分别呈非线性和线性增大趋势。

第4章　具有微织构形貌的结合面法向接触阻尼研究

结合面在机械结构中大量存在，当机械系统处于运行状态时，结合面都会在动态载荷的作用下产生微小的变形波动，这种变形波动使得结合面既储存能量又消耗能量，表现为动态接触刚度和动态接触阻尼，严重影响了整个机械系统的精密性和稳定性。如何利用结合面阻尼进行机械结构振动的被动控制成为一个非常重要的课题，表面织构技术在界面可控性方面的优异表现为这一课题的研究提供了新的手段，因此，研究具有微织构形貌的粗糙表面的接触阻尼就变得非常有必要。

本章首先分析结合面阻尼产生的原因，再根据单个微凸体在动态载荷下的接触阻尼，建立整个微织构结合面的接触阻尼模型，并采用数值仿真分析微织构结合面的织构密度、法向接触载荷、微织构结合面动态变形波动的幅值和频率等因素对结合面阻尼产生影响的规律。

4.1　机械结合面接触阻尼产生的机理

结合面接触特性中的接触阻尼是指结合面消耗振动能量的能力，也就是将机械振动的能量转变成热能或其他能量的能力。结合面产生阻尼的原因分为以下三种[42]。

1. 宏观的移动

当微织构结合面受到比较小的法向动态载荷时，结合面之间会在剪切力以及扭矩的作用下产生宏观的相对移动，形成结合面之间的库仑摩擦。结合面之间的这种宏观移动包括直线平移和相对转动，微织构几何面因为这种宏观的移动而产生的能量消耗服从库仑定律的摩擦耗能理论。

2. 微观的移动

当微织构结合面受到法向动态载荷的作用时，法向载荷的增加会使无织构区域上粗糙不平的微凸体的顶峰部分产生弹性变形；随着法向动态载荷的继续增加，当载荷增加到结合面中较软材料的屈服强度时，粗糙表面上的微凸体开始发生塑性变形，这时就像是一种材料嵌入另外一种材料内部一样，剪切力和扭矩不足以使结合面之间产生宏观的移动。但是由于法向动态载荷的作用，两种材料的相互嵌入并不能阻止两个表面之间由于切向力而产生的微量的位移，这时结合面之间便产生了微观的、交变的移动。这种方式产生的阻尼能耗比宏观移动的阻尼能耗要大得多。但是从本质上讲，它仍属于库仑摩擦所产生的阻尼。

3. 周期性的迟滞变形

当微织构结合面受到的静态载荷增加到一定程度时，微织构结合面无织构区域上的微凸体在载荷的作用下会处于弹性变形和塑性变形共存的状态，这时微织构结合面所受到的接触载荷和由此产生的变形形成了非线性的关系，如图4.1（a）所示。当微织构结合面受到动态载荷时，如图4.1（b）所示，在一个周期内，微织构结合面首先由于法向接触载荷的加载作用，接触载荷和由此产生的变形的关系按曲线1加载到最大值，然后按曲线2下降卸载，直到接触载荷为0。在加载和卸载之后，微织构结合面上的微凸体将会保留一部分不可恢复的塑性变形。所以，在微织构结合面受到法向动态载荷的作用时，经过一遍又一遍的加载和卸载就形成了如图 4.1（b）所示的封闭回线。封闭回线包围的面积即是动态载荷在一个周期中损耗的能量。

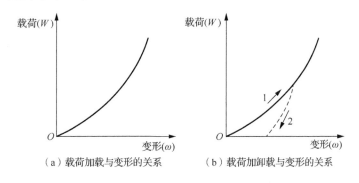

（a）载荷加载与变形的关系　　　（b）载荷加卸载与变形的关系

图 4.1　微织构结合面法向载荷与变形的关系

4.2　具有微织构形貌的结合面的法向接触阻尼理论模型

当微织构结合面在动态载荷作用下，载荷的周期性变化使得结合面上的微凸体产生周期性的变形波动，这种变形波动的一个周期可分为加载和卸载两个阶段。

在加载阶段，相接触的两个微织构表面由于载荷的作用产生微小的相对位移，结合面上的微凸体在动态载荷的作用下由弹性变形转变为塑性变形，一部分微凸体转变为完全塑性变形；在卸载阶段，微凸体在加载阶段产生的弹塑性变形以及塑性变形无法完全恢复，这部分使微凸体产生弹塑性变形以及塑性变形的能量被消耗掉，从而成为产生结合面阻尼的主要原因。因此，微织构结合面在法向动态载荷的作用下产生变形波动，在一个周期内，微织构结合面所耗散的能量 $E_{损}$ 可由下式计算：

$$E_{损} = E_{ep} + E_p \tag{4.1}$$

式中，E_{ep} ——产生弹塑性变形的微凸体的部分塑性变形消耗的能量；

E_p ——产生塑性变形的微凸体所消耗的能量。

根据黏性阻尼原理，等效黏性阻尼 C_n 可由公式 $E=\pi\omega C_n X_0^2$ 推导出：

$$C_n = \frac{E}{\pi\omega X_0^2} \tag{4.2}$$

则微织构结合面的等效法向接触阻尼 C_n 为

$$C_n^* = \frac{E_{损}}{\pi a d_0^2} = \frac{E_{ep} + E_p}{\pi a d_0^2} \tag{4.3}$$

（1）在产生弹塑性变形的阶段，根据文献[39]的有限元结果，微凸体卸载后的残余变形量与最大变形量之间的关系为

$$\frac{\omega_{res}}{\omega_{max}} = \left(1 - \left(\frac{\omega_{max}}{\omega_e}\right)^{-0.28}\right)\left(1 - \left(\frac{\omega_{max}}{\omega_1}\right)^{-0.69}\right) \tag{4.4}$$

处于此阶段的微凸体在卸载的时候，其卸载载荷为

$$w_{epu} = \frac{4E\omega_e^{1.5}R^{0.5}}{3}\left(1.32\left(\frac{\omega_{max}}{\omega_e} - 1\right)^{1.27} + 1\right)\left(\frac{\omega - \omega_{res}}{\omega_{max} - \omega_{res}}\right)^{n_p} \tag{4.5}$$

式中，$\omega_{\max}$——微凸体的最大变形量，$\omega_{\max} = z - d + d_0$；

ω_{res}——卸载后微凸体的残余变形量；

n_p——塑性阶段指数，$n_p = 1.5\left(\dfrac{\omega_{\max}}{\omega_e}\right)^{-0.0331}$。

处于此阶段的单个微凸体在一个周期内损耗的能量为

$$Q_{ep} = \int_0^{\omega_e} w_e \mathrm{d}\omega + \int_{\omega_e}^{\omega_{\max}} w_{ep} \mathrm{d}\omega - \int_0^{\omega_{\max}-\omega_{\mathrm{res}}} w_{epu} \mathrm{d}\omega$$

$$= \frac{4ER^{0.5}}{3}\int_0^{\omega_e}\omega^{1.5}\mathrm{d}\omega + \pi HR\int_{\omega_e}^{\omega_p}\omega\left(1-(1-\lambda)\frac{\ln\omega_p - \ln\omega}{\ln\omega_p - \ln\omega_e}\right)f_1(\omega)\mathrm{d}\omega$$

$$- \frac{4E\omega_e^{1.5}R^{0.5}}{3}\left(1.32\left(\frac{\omega_{\max}}{\omega_e}-1\right)^{1.27}+1\right)\int_0^{\omega_{\max}-\omega_{\mathrm{res}}}\left(\frac{\omega-\omega_{\mathrm{res}}}{\omega_{\max}-\omega_{\mathrm{res}}}\right)^{n_p}\mathrm{d}\omega \quad (4.6)$$

由此式可得微织构结合面上的所有处于此阶段的微凸体在一个周期内共同损耗的能量

$$E_{ep} = (1-\zeta)N\int_{d+\omega_e}^{d+\omega_p}Q_{ep}\phi(z)\mathrm{d}z = \frac{4(1-\zeta)\eta AER^{0.5}}{3}\int_0^{\omega_e}\omega^{1.5}\mathrm{d}\omega\int_{d+\omega_e}^{d+\omega_p}\phi(z)\mathrm{d}z$$

$$+ \pi(1-\zeta)\eta AHR\int_{\omega_e}^{\omega_p}\omega\left(1-(1-\lambda)\frac{\ln\omega_p-\ln\omega}{\ln\omega_p-\ln\omega_e}\right)f_1(\omega)\mathrm{d}\omega\int_{d+\omega_e}^{d+\omega_p}\phi(z)\mathrm{d}z$$

$$- \frac{4(1-\zeta)\eta AE\omega_e^{1.5}R^{0.5}}{3}\left(1.32\left(\frac{\omega_{\max}}{\omega_e}-1\right)^{1.27}+1\right)\int_0^{\omega_{\max}-\omega_{\mathrm{res}}}\left(\frac{\omega-\omega_{\mathrm{res}}}{\omega_{\max}-\omega_{\mathrm{res}}}\right)^{n_p}\mathrm{d}\omega$$

$$\times \int_{d+\omega_e}^{d+\omega_p}\phi(z)\mathrm{d}z \quad (4.7)$$

（2）对于最终产生塑性变形的微凸体，在加卸载后，没有残余变形，因此其在加载阶段载荷所释放的能量全部消耗掉。所以，处于此阶段的单个微凸体在一个周期内损耗的能量为

$$Q_p = \int_0^{\omega_e} w_e \mathrm{d}\omega + \int_{\omega_e}^{\omega_p} w_{ep} \mathrm{d}\omega + \int_{\omega_p}^{\omega_{\max}} w_{epu} \mathrm{d}\omega$$

$$= \frac{4ER^{0.5}}{3} \int_0^{\omega_e} \omega^{1.5} \mathrm{d}\omega + \pi HR \int_{\omega_e}^{\omega_p} \omega \left(1 - (1-\lambda) \frac{\ln \omega_p - \ln \omega}{\ln \omega_p - \ln \omega_e} \right) f_1(\omega) \mathrm{d}\omega$$

$$+ 2\pi RH \int_{\omega_p}^{\omega_{\max}} \omega \mathrm{d}\omega \tag{4.8}$$

由此式可得微织构结合面上的所有处于此阶段的微凸体在一个周期内共同损

耗的能量

$$E_p = (1-\zeta) N \int_{d+\omega_p}^{\infty} Q_p \phi(z) \mathrm{d}z = \frac{4(1-\zeta)\eta AER^{0.5}}{3} \int_0^{\omega_e} \omega^{1.5} \mathrm{d}\omega \int_{d+\omega_p}^{\infty} \phi(z) \mathrm{d}z$$

$$+ \pi(1-\zeta)\eta AHR \int_{\omega_e}^{\omega_p} \omega \left(1 - (1-\lambda) \frac{\ln \omega_p - \ln \omega}{\ln \omega_p - \ln \omega_e} \right) f_1(\omega) \mathrm{d}\omega \int_{d+\omega_p}^{\infty} \phi(z) \mathrm{d}z$$

$$+ 2\pi(1-\zeta)\eta ARH \int_{\omega_p}^{\omega_{\max}} \omega \mathrm{d}\omega \int_{d+\omega_p}^{\infty} \phi(z) \mathrm{d}z \tag{4.9}$$

由上式可推得

$$C_n^* = \frac{E_{ep} + E_p}{\pi a d_0^2} = \frac{4(1-\zeta)\eta AER^{0.5}}{3 a d_0^2} \int_0^{\omega_e} \omega^{1.5} \mathrm{d}\omega \int_{d+\omega_e}^{d+\omega_p} \phi(z) \mathrm{d}z$$

$$+ \frac{(1-\zeta)\eta AHR}{a d_0^2} \int_{\omega_e}^{\omega_p} \omega \left(1 - (1-\lambda) \frac{\ln \omega_p - \ln \omega}{\ln \omega_p - \ln \omega_e} \right) f_1(\omega) \mathrm{d}\omega \int_{d+\omega_e}^{d+\omega_p} \phi(z) \mathrm{d}z$$

$$- \frac{4(1-\zeta)\eta AE\omega_e^{1.5} R^{0.5}}{3\pi a d_0^2} \left(1.32 \left(\frac{\omega_{\max}}{\omega_e} - 1 \right)^{1.27} + 1 \right) \int_0^{\omega_{\max} - \omega_{res}} \left(\frac{\omega - \omega_{res}}{\omega_{\max} - \omega_{res}} \right)^{n_p} \mathrm{d}\omega$$

$$\times \int_{d+\omega_e}^{d+\omega_p} \phi(z) \mathrm{d}z + \frac{4(1-\zeta)\eta AER^{0.5}}{3\pi a d_0^2} \int_0^{\omega_e} \omega^{1.5} \mathrm{d}\omega \int_{d+\omega_p}^{\infty} \phi(z) \mathrm{d}z$$

$$+ \frac{(1-\zeta)\eta AHR}{a d_0^2} \int_{\omega_e}^{\omega_p} \omega \left(1 - (1-\lambda) \frac{\ln \omega_p - \ln \omega}{\ln \omega_p - \ln \omega_e} \right) f_1(\omega) \mathrm{d}\omega \int_{d+\omega_p}^{\infty} \phi(z) \mathrm{d}z$$

$$+ \frac{2(1-\zeta)\eta ARH}{a d_0^2} \int_{\omega_p}^{\omega_{\max}} \omega \mathrm{d}\omega \int_{d+\omega_p}^{\infty} \phi(z) \mathrm{d}z \tag{4.10}$$

4.3 不同因素对微织构结合面法向接触阻尼的影响规律分析

微织构结合面在法向动态载荷的作用下，产生法向动态变形位移波动，使得结合面上微观尺度下微凸体产生塑性变形而形成法向接触阻尼。影响微织构结合面的法向接触阻尼的因素很多，本节分析微织构结合面的法向接触载荷、动态变形振动幅值以及频率对法向接触阻尼的影响。

以45#钢材料表面的接触为仿真对象，微凸体的曲率半径为 $R = 7.21 \times 10^{-4} \, \text{mm}$，名义接触面积为 35mm^2。

4.3.1 微织构结合面法向接触载荷对法向接触阻尼的影响

当微织构结合面动态变形的振动幅值为 20nm，振动频率分别为 50Hz、100Hz、150Hz 时，图 4.2 为织构密度为 10% 的微织构结合面法向接触阻尼与法向接触载荷之间的关系。从图中可以看出，在振动频率不同的 3 组动态变形的条件下，随着法向接触载荷的不断增大，法向接触阻尼分别呈非线性上升趋势，但是其增加的速率在不断减小。这是因为在微织构结合面受到较低的法向接触载荷的作用时，结合面因法向接触载荷而发生变形的微凸体的数量较少，且微凸体的变形都以弹性变形为主，微织构结合面上动态变形引起的弹塑性变形以及塑性变形较少，因此微织构结合面有较小的法向接触阻尼。当微织构结合面上的法向接触载荷增大时，结合面上因法向接触载荷而发生变形的微凸体的数量增多，且有越来越多的微凸体的动态变形进入弹塑性变形甚至塑性变形阶段，使得微织构结合面上消耗的能量增多，从而使微织构结合面上的法向接触阻尼增大。而微凸体在从弹性变形到弹塑性变形，以及最终到塑性变形的过程中，塑性变形在整个过程中的比例不断上升，使得微凸体在各个变形阶段所消耗的能量不同，导致法向接触阻尼非线性上升。

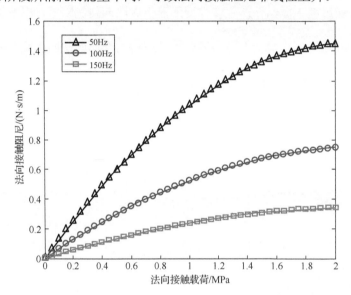

图 4.2　微织构结合面的法向接触阻尼与法向接触载荷的关系

4.3.2　微织构结合面的织构密度对法向接触阻尼的影响

当微织构结合面在动态载荷作用下的变形波动的幅值为 20nm、频率为 100Hz 时，图 4.3 给出了无织构结合面以及织构密度分别为 5%、10%、15% 时，微织构结合面法向接触阻尼与法向接触载荷之间的关系。从图中可以看出，织构密度越大的织构结合面间的法向接触阻尼越小。这是因为微织构结合面上织构形貌的存在，使结合面相接触时产生塑性变形的微凸体的数量减少了，导致结合面因微凸体塑性变形而消耗的能量变小，从而减小了微织构结合面间的法向接触阻尼。

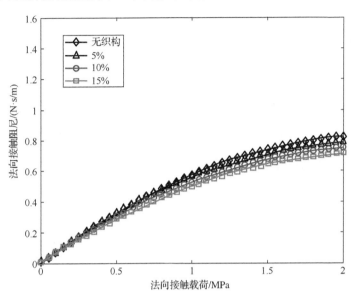

图 4.3　不同织构密度的微织构结合面的法向接触阻尼与法向接触载荷的关系

4.3.3　微织构结合面动态变形的振动幅值对法向接触阻尼的影响

当微织构结合面受到的动态接触载荷的大小为 1.2MPa、织构密度为 10%时，图 4.4 给出了微织构结合面的动态变形的频率分别为 50Hz、100Hz、150Hz 时，法向接触阻尼与法向动态变形的振动幅值之间的关系。从图中可以看出，微织构结合面在法向动态载荷作用下产生的法向接触阻尼随着结合面的法向变形波动的增大而呈缓慢增大的趋势，且低频下的变形波动的法向接触阻尼的增速要大于高频下的法向接触阻尼。这主要是因为，当微织构结合面受到一定的静态载荷作用，即结合面的动态变形的振动幅值为 0，结合面上的微凸体的变形无动态波动，此时因接触载荷而发生变形的微凸体的数量为定值，因为此时无变形波动，所以结合面没有产生接触阻尼。当微织构结合面的接触载荷由静态变为动态时，结合面上的微凸体因产生动态塑性变形而消耗能量，从而形成结合面间的接触阻尼。随着微织构结合面上的微凸体动态变形位移幅值的逐渐增大，结合面上产生变形的微凸体的变形区间变大，且产生变形的微凸体的数量增多，这使得微凸体因动态载荷而产生的变形波动消耗的能量变大，从而使结合面间的法向接触阻尼增大。

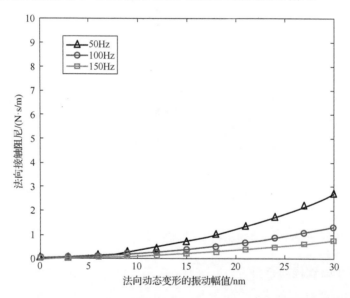

图 4.4　微织构结合面法向接触阻尼与法向动态变形的振动幅值的关系

4.3.4　微织构结合面动态变形的频率对法向接触阻尼的影响

当微织构结合面受到的动态接触载荷的大小为 1.2MPa、织构密度为 10%时，图 4.5 给出了微织构结合面的动态变形的振动幅值分别为 15nm、20nm、30nm 时，法向接触阻尼与法向动态变形的振动频率之间的关系。从图中可以看出，在振动幅值不同的三组法向动态载荷的作用下，微织构结合面的法向接触阻尼随着动态变形的振动频率的增大呈非线性减小趋势。当动态变形的振动频率较小时，微织构结合面的法向接触阻尼随着动态变形的频率的增大而迅速减小；随着动态变形的频率的不断增大，微织构结合面间的法向接触阻尼减小的速率变缓，动态变形的频率增大到一定程度，微织构结合面间法向接触阻尼减小到接近于 0 的状态。造成微织构结合面间法向接触阻尼的这种变化规律的原因主要是，如果微织构结合面受到的接触载荷大小一定，且结合面因此产生的动态变形的振动幅值不变，则微织构结合面间因动态接触载荷而发生变形的微凸体的数量一定，当动态变形的振动频率增大时，单位时间内因法向动态接触载荷作用产生变形的微凸体消耗的能量减少，从而使微织构结合面间法向接触阻尼减小。

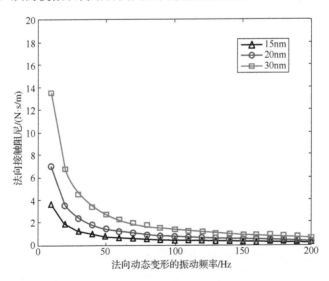

图 4.5　微织构结合面法向接触阻尼与法向动态变形的振动频率的关系

4.4 本章小结

本章在第 2 章和第 3 章理论分析的基础上，基于微织构表面的形貌特征，以及微观尺度下的微凸体在接触载荷作用下的变形过程，根据等效阻尼原理，建立微织构结合面间的法向接触阻尼理论模型，并分析不同因素对微织构结合面间的法向接触阻尼的影响规律。研究发现：微织构结合面法向动态接触载荷的大小以及结合面由此产生的动态变形的振动幅值和频率都会对微织构结合面间的法向接触阻尼产生影响，其中法向动态接触载荷的大小和动态变形的振动频率对法向接触阻尼的影响较大，微织构结合面间法向接触阻尼随着法向动态接触载荷的增大而增大，随着动态变形的振动频率的增大而减小；微织构结合面间动态变形的振动幅值对结合面法向接触阻尼的影响较小，法向接触阻尼随着动态变形的振动幅值的增大呈缓慢上升趋势。

第 5 章　具有微织构形貌的结合面有限元分析
与实验研究

本书在第 3 章与第 4 章中建立了微织构结合面间的接触参数理论计算模型，并通过数值仿真计算，从理论方面分析了微织构结合面上的织构密度等参数对结合面接触参数的影响规律。但是，在实际情况中，机械结合面的工作状态非常复杂，影响结合面间接触参数的因素多种多样。因此，本章将分别通过有限元分析与实验分析，在一定程度上限定其他因素条件的变化，分析研究结合面表面上的织构参数的变化对结合面之间接触特性的影响，以验证前面通过理论计算模型得到的结论。

5.1　具有微织构形貌的结合面的非线性静力学有限元分析

结合面上的微凸体在动态载荷的作用下产生的动态变形可以看成是在静态变形基础上的扰动，因此结合面的动态接触特性是静态接触特性基础上的变化，对结合面静态特性的分析是研究结合面接触特性的基础。本节将采用有限元非线性仿真分析微织构结合面间静态接触刚度，验证第 3 章中的静态接触理论计算结果。基于第 2 章中微织构表面的表征方程，利用有限元方法分析微织构结合面上的织构参数对微织构结合面之间刚度的影响。利用有限元方法进行接触分析，总体来说分为三个步骤：第一步是用数学计算软件，生成具有微织构形貌的粗糙表面，得到粗糙表面的数据；第二步是根据得到的数据，在三维建模软件中建立实体接触模型；第三步是在实体模型的基础上进行有限元分析。

5.1.1 具有微织构形貌的三维粗糙表面的生成

本节采用第 2 章中所建立的具有微织构形貌的粗糙表面的表征方程，使用 MATLAB 软件模拟并生成具有微织构形貌的三维粗糙表面，具体过程如下。

以织构密度为 10%的沟槽型织构表面为例，其轮廓形貌如图 5.1 所示。其无织构区域的尺度系数 G=0.001，分形维数 D=2.5；织构区域的沟槽间距 d=0.5mm，沟槽宽度 w=0.1mm，沟槽深度 h=0.005mm。

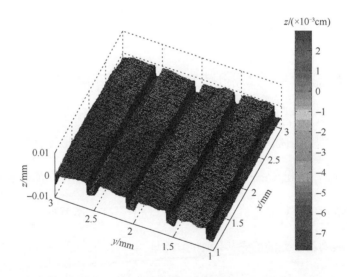

图 5.1　MATLAB 中生成的织构密度为 10%的沟槽型织构表面

由于微织构粗糙表面上的织构参数是用 μm 为计数单位，在用 MATLAB 模拟微织构表面时，会产生非常大的数据量。所以，在选取模拟区间的时候，应相对小一点，以免影响后期处理与建模过程。本节模拟的是 2mm×2mm 内的表面形貌，选用 0.01mm 步距，会产生 4 万个数据点，然后通过程序将数据保存成 asc 格式的点云文件。通过 CATIA 软件中的逆向工程建模，读取 MATLAB 软件生成的 asc 文件，建立实体接触模型。

5.1.2 具有微织构形貌的粗糙表面的三维实体模型建立

1. 建立具有微织构形貌的粗糙表面的三维实体模型的具体流程

具有微织构形貌的粗糙表面的形貌特征十分复杂，除了织构区域的起伏外，无织构区域也是凹凸不平的粗糙形貌，而 CATIA 软件在曲面造型上具有明显的优势，且具有数字曲面编辑器模块，能够根据输入的点云数据，进行采样、编辑、裁剪，之后达到最接近微织构表面的形貌特征的要求。

建立具有微织构形貌的粗糙表面实体接触模型的大致步骤如下：首先对点云数据进行处理，在 CATIA 中对点云数据进行网格化，然后通过快速曲面模块重建微织构表面形貌，并在零件设计模块中以重建的曲面为基础，构建具有微织构形貌的结合面实体模型（图 5.2）。构建微织构结合面实体接触模型主要运用了 CATIA 中数字化曲面编辑（Digitized Shape Edit）、快速曲面重建（Quick Surface Reconstruction）、创成式曲面设计（Generative Shape Design）、零件设计以及装配设计等模块。

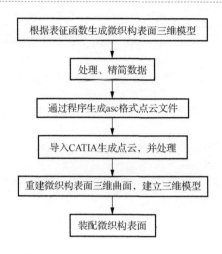

图 5.2　具有微织构形貌的粗糙表面几何建模流程图

2. 建立具有微织构形貌表面的三维实体模型过程

下面介绍使用 CATIA 软件进行逆向工程建立具有微织构形貌粗糙表面的三维实体模型的过程。首先将之前通过 MATLAB 软件仿真并保存的 asc 格式的点云文件导入 CATIA，并进行相关处理。本节以织构密度为10%的表面为例介绍 CATIA 的逆向建模过程。图 5.3 所示为导入 CATIA 后生成的微织构表面点云示意图。

图 5.3　CATIA 中的微织构表面点云示意图

对点云进行处理后，在 Quick Surface Reconstruction 模块中可以生成相应的曲面，如图 5.4 所示。

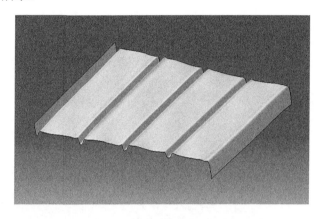

图 5.4　CATIA 中生成的微织构表面的模型

然后新建平面，在平面上画长方形草图，然后通过拉伸命令，切除多余的曲面，就得到具有微织构表面的三维实体模型。图 5.5 所示为通过逆向工程在 CATIA 中建立的微织构表面三维模型。

图 5.5　CATIA 中的具有微织构表面的三维实体模型

图 5.5 中所示为放大后微织构表面，其范围为 1.5mm×1.5mm，而表面微织构的计数单位为 0.01mm，且无织构区域上的微凸体用肉眼根本看不出来，不过在细微处有曲面的起伏，这在有限元分析中能感受到。

上述建立的具有微织构形貌的三维实体模型，要进行实体分析需要再生成一个粗糙表面，然后建立三维模型，通过装配模块，将两个表面装配成如图 5.6 所示的装配模型。

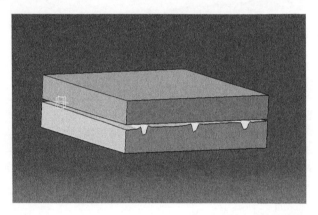

图 5.6　CATIA 中的具有微织构表面的三维实体装配模型

通过 MATLAB 模拟生成 asc 点云文件，然后导入 CATIA，生成三维模型，选取具有不同织构参数的微织构表面作为研究对象，旨在研究具有微织构形貌的表面上的织构参数对结合面动力学参数的影响。

5.1.3　具有微织构形貌的结合面的接触刚度的有限元分析

有限元分析（finite element analysis，FEA）是根据离散化的思想，将连续的整体分割成许多微小的单元，然后基于数值近似思想，对每一个单元求得一个合理的近似解，推导整体的情况（如结构的变形、受力或者平衡条件），从而得到问题的解。但是这个解是近似解，并不是准确解。在实际情况中，由于问题的复杂性，很难得到准确解，有限元利用简单的单元组成复杂的结构，通过合理划分单元能够使所获得的单元形式达到与实际情况最大程度的相似，且其计算精度非常高，对于各种复杂形状都能很好地适用，因而成为被广泛使用的工程分析手段。

宏观上具有微织构形貌的表面的接触特性依赖两个接触表面在微观尺度下的微凸体的弹塑性变形。本章建立了具有微织构形貌的结合面的三维实体模型，选用有限元分析软件 ANSYS workbench 对具有微织构形貌的结合面进行弹塑性接触分析。综合分析具有微织构形貌的结合面间织构参数对结合面间的接触刚度的影响。

1. 具有微织构形貌的结合面的接触特性

采用 ANSYS workbench 对具有微织构形貌的结合面之间的接触特性进行分析。ANSYS workbench 提供了广泛的工程仿真解决方案，同时也具有良好的外部接口技术，与其他三维软件能够很好地交流。这些优势使得 ANSYS workbench 被广泛应用于各个领域中。

本书主要研究具有微织构结合面间的接触特性，在微观尺度下微织构表面上的微凸体产生塑性变形，使得微织构结合面间的接触特性表现出强非线性特征。这种非线性的具体表现如下。

（1）几何非线性。微织构结合面间的直接接触区域是无织构区域，无织构区域的接触在微观尺度下表现为凹凸不平的微凸体的接触，当两个表面相接触时肯定有一些微凸体发生了大变形，这种几何外形的变形，导致微织构结合面的接触特性产生非线性特征。

（2）材料非线性。微观尺度下的微凸体在法向接触载荷作用下的变形，由完全弹性变形到弹塑性变形，最终到完全塑性变形，由于微凸体的这种变形规律，微凸体的应力应变曲线并不是完全的直线，从而导致微织构结合面接触特性产生非线性特征。

（3）接触非线性。在微观尺度下，微凸体的高度是起伏不平的，将微织构结合面在法向接触载荷作用下，由分离状态变为接触状态，当卸载时，再由接触状态变为分离状态，从而导致总体刚度的变化，造成微织构结合面的接触特性表现出非线性特征。

在使用 ANSYS workbench 进行有限元分析的时候，单元的刚度矩阵$[K]$不再是一个常量，而是随着位移$\{x\}$变化的变量，如下式所示：

$$\left[K(x)\right]\{x\} = \{F\} \tag{5.1}$$

在进行非线性分析的时候，力位移曲线以及应力应变曲线都是非线性的，因此在非线性分析中系统的刚度是变量。

2. 微织构结合面接触特性的有限元分析步骤

具有微织构形貌的结合面在宏观尺度上的接触，实际上是微观尺度上所有微凸体接触的总和，微凸体接触特性的非线性造成了结合面间接触特性的非线性。书中的有限元分析是基于 ANSYS workbench 的非线性接触分析。

使用 ANSYS workbench 进行静力学非线性接触分析的一般步骤如下。

（1）导入几何模型。首先将由 CATIA 建立的具有微织构形貌的粗糙表面的三维接触模型导入 ANSYS workbench 中。

（2）指定材料属性。材料选择 ANSYS Workbench 系统默认的非线性材料非线性结构钢 Structural Steel NL。Structural Steel NL 材料密度为 7850kg/m^3，杨氏弹性模量为 $2.0\times10^{11}\text{Pa}$，泊松比为 0.3，屈服强度为 250MPa，正切模量为 1450MPa。Structural Steel NL 是常用的非线性材料。如果采用普通的线性材料进行分析，则在求解过程中，结构和材料中非线性将不会表现出来，从而导致求解结果不准确。

（3）设置接触选项。在对具有微织构形貌的结合面的接触特性进行有限元分析时，最重要的就是设置接触模型，正确的接触模型设置，能够使分析的结果更加准确，更加接近真实的情况。在求解过程中，手动设置接触模型的接触设置，为了满足非线性要求，将面与面的接触设置为无摩擦接触。在 ANSYS workbench 中，对于接触算法默认为"Pure Penalty"，但是对于大变形的无摩擦或者摩擦接触还是建议使用"Augmented Lagrange"算法，即增广拉格朗日算法，增广拉格朗日公式增加了额外的控制自动减少渗透。其他设置都选择系统控制，即"Program Controlled"。将接触设置为对称接触行为，对称接触行为意味着接触面和目标面不能相互穿透。

（4）定义网格划分。将网格划分设置为"Hex Dominant"，主要以六面体为主。划分完成后网格数量为 20 万～40 万，织构参数不同的模型网格数量有差别。

（5）施加载荷和约束。在分析设置（Analysis Setting）中增加分段步距，以便在分析结果中看到应力、应变、载荷随着时间的变化情况。在装配体的下表面添加固定约束，然后在另外一个实体的上表面施加载荷，大小设置为 2.0MPa。

（6）选择需要查看的结果与求解分析。这是分析的最后一步，设置好需要查看的结果，点击求解就可以进行分析。分析结束后获得分析结果。

3. 有限元分析结果

因为有限元采用的是离散化的分析方法，即将物体分散成微小单元，用每个单元的变化近似等效为整体的变化。因此，通过有限元分析方法得到的结果是微织构表面上所有点的应力应变，将微织构表面上所有点的应力应变提取出来，用所有点的应力应变的平均值作为整个表面的应力应变。而且有限元方法无法直接得到结合面的刚度，有限元方法得到的结果是随着加载时间的变化，法向接触载荷、应力、应变以及位移相应变化。因此在通过有限元分析得出结果之后，需要对数据进行处理。

（1）织构密度对微织构结合面间的法向静态刚度的影响分析。

在本章中分析所用的微织构表面的织构密度分别是 0（无织构）、5%、10%、15%的沟槽型织构。由于微织构表面的形貌参数以微米为计数单位，因此选择无织构区域的尺度系数为 0.001，并设定其分形维数为 2.5。根据织构表面的表征参数与织构密度之间的关系，设定沟槽型与圆形凹坑型织构参数的数值如表 5.1 与表 5.2 所示。

表 5.1　有限元分析所用沟槽型织构表面的织构参数

织构密度 ζ /%	沟槽间距 d/mm	沟槽宽度 w/mm	沟槽深度 h/mm
0	—	—	—
5	0.5	0.025	0.05
10	0.5	0.050	0.05
15	0.5	0.075	0.05

表 5.2　有限元分析所用圆形凹坑型织构表面的织构参数

织构密度 ζ /%	凹坑间距 d_1/mm	凹坑间距 d_2/mm	凹坑直径 d/mm	凹坑深度 h/mm
0	—	—	—	—
5	0.4	0.55	0.12	0.05
10	0.4	0.45	0.15	0.05
15	0.4	0.42	0.19	0.05

经过多次反复建模，分析求解得到数据织构，对数据进行处理之后，合并生成图表以便于对比，图 5.7 和图 5.8 为对沟槽型和圆形凹坑型微织构密度的表面进行有限元分析之后的结果。

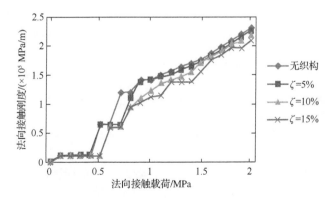

图 5.7　沟槽型微织构结合面的载荷刚度曲线

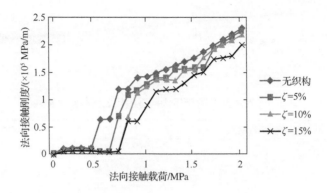

图5.8 圆形凹坑型微织构结合面的载荷刚度曲线

从图5.7和图5.8中可以看出，不同织构密度的微织构结合面上的法向接触刚度不同，织构密度越大的微织构结合面刚度总体小于织构密度小的微织构结合面，且不同类型的微织构结合面上法向接触刚度存在差异，但是都随着法向接触载荷的增大，总体呈上升趋势，这与第3章中的理论模型计算结果大致相同，说明了理论模型具有一定的参考价值。

（2）织构深度对微织构结合面间的法向静态刚度的影响分析。

以织构密度为10%的微织构表面为例，分别取沟槽型织构表面以及圆形凹坑型织构表面的织构深度为0.05mm、0.10mm、0.15mm。图5.9与图5.10为两种织构类型的结合面的有限元仿真结果。

从图5.9和图5.10中可以看出，不同类型的微织构结合面间的法向接触刚度有一定的差异，但随着法向接触载荷的增大，法向接触刚度整体呈变大趋势。且无论是沟槽型织构表面还是圆形凹坑型织构表面，织构深度深的微织构结合面间的接触刚度总体小于织构深度浅的微织构结合面的接触刚度。

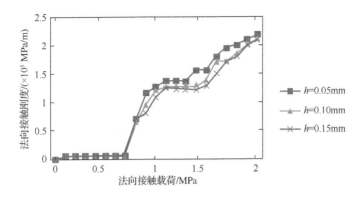

图 5.9 不同沟槽深度的沟槽型织构表面的载荷刚度曲线

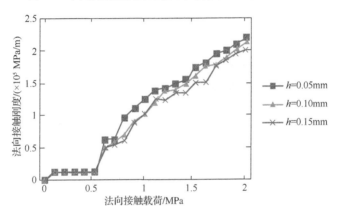

图 5.10 不同凹坑深度的圆形凹坑型织构表面的载荷刚度曲线

5.2 具有微织构形貌的结合面的动力学实验分析

第 3 章建立的具有微织构形貌的结合面间的理论模型是从微观尺度下的接触状态对宏观微织构结合面的接触状态进行推测。本章将采用实验的方法，从宏观角度直接获取微织构结合面间的动态接触刚度，通过频率响应函数识别法中的脉冲锤击试验测试具有不同织构参数的微织构结合面间的法向动态接触刚度的区别。

5.2.1 实验原理与方法

实验原理参考文献[39]中频率响应函数识别法中的脉冲锤击实验，此方法是基于系统辨识的观点，以动态实验获得反应结合部动力学特性的信息，通过频域或者时域方法局部或整体估计结合部等效动力学参数。

对于如图 5.11 所示的系统，在锤击实验下结合面参数的基于子结构 A 的频率响应函数识别公式为

$$H^A \alpha (H^A - H^B) = H_e^A - H^A \qquad （5.2）$$

式中，H^A——结构 A 的频率响应函数；

H^B——结构 B 的频率响应函数；

α——结合部的动刚度矩阵；

H_e^A——结构 A 上激振点与结合面之间的频率响应函数。

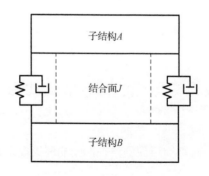

图 5.11　结合面系统示意图

在建立结合面等效动力学模型的基础上，利用锤击法分别测量子结构上的频率响应函数，并测量结合面等效连接点的频率响应函数。在将结合面组装后，用

锤击法测量综合结构各连接点的频率响应函数。将试验所得的频率响应函数值代入公式（5.2）中。然后，根据下式计算出结合面的等效动力学参数：

$$\begin{cases} k = \mathrm{Re}(\alpha) \\ c = \mathrm{Im}(\alpha) / \omega \end{cases} \tag{5.3}$$

5.2.2 实验器材

实验所用到的硬件器材如下。

1. OptoMET 数字型激光多普勒测振仪

OptoMET 数字型激光多普勒测振仪是一套高精度的振动测量设备。该仪器采用基于多普勒原理的激光振动测量技术，能够精确地测量振动和声学信号，包括位移、速度和加速度，速度可达 2.5nm/s，位移分辨率可达 2pm。激光多普勒测振仪如图 5.12 所示。

图 5.12　激光多普勒测振仪

2. IOtech 的 600 系列动态信号分析仪

4/5/10/20 通道模拟输入，支持 IEPE 型传感器，分析频率从 20Hz 到 40kHz 可编程，并行采集，每通道一个 24 位 Σ-$\triangle$ADC，动态范围优于 108dB，支持 TEDS 型传感器电子数据表，任意模拟输入通道都可作为转速输入。信号分析仪如图 5.13 所示。

图 5.13　信号分析仪

3. Kislter 力锤

Kislter 力锤，其灵敏度为 2.25mV/N，量程为 ±2224N，力锤重量为 0.16kg。

4. 电脑

实验采用的信号采集和控制软件为 eZ-Analyst。eZ-Analyst 是 IOtech 的 600 系列动态信号分析仪中实现时域、频域、阶次和传递函数等数据采集的一套软件。eZ-Analyst 采用窗口式的用户界面，用户能方便地在空白栏里对硬件进行测试参数设置，参数类型包括通道选择、通道类型、响应通道或参考通道、测试量程、自动调节量程、触发等。

图 5.14 为实验系统的连接示意图。图中 1 为试件,力锤 2 和激光测振仪 3 连接在信号分析仪 4 上。用力锤 2 敲击试件 1 时,激光测振仪 3 同时测得试件的响应信号,力锤信号以及激光测振仪的反馈信号同时输入信号分析仪 4。信号分析仪分析采集信号后,输入电脑 5,通过软件对信号进行分析。

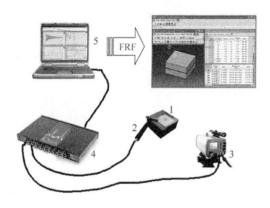

图 5.14　实验系统连接示意图

FRF:频响函数测量

5.2.3　实验试件

实验所用试件皆为 45#钢加工而成,其材料的属性参数如下:弹性模量 $E=2.07\times10^{11}\text{Pa}$,硬度 $H=1.96\times10^{9}\text{Pa}$,泊松比为 0.29。共有 7 个试件,每个试件的尺寸相同,长为 40mm,宽为 40mm,高为 5mm,如图 5.15 所示。其中两个试件为无织构表面,其余三个试件表面为沟槽型织构,织构尺寸如表 5.3 所示。

图 5.15　实验试件实物图

表 5.3　实验试件表面织构参数　　　　　　　　　　　（单位：mm）

试件编号	沟槽间距 d	沟槽宽度 w	沟槽深度 h
1	0.0	0.000	0.00
2	0.0	0.000	0.00
3	0.5	0.025	0.05
4	0.5	0.050	0.05
5	0.5	0.075	0.05
6	0.5	0.050	0.10
7	0.5	0.050	0.15

5.2.4　实验步骤

为了分析微织构表面上的织构密度对结合面间的动力学参数的影响规律，根据实验理论，需要测出每个部件的频率响应函数以及不同织构密度下的结合面构件频率响应函数。

进行脉冲锤击试验，通过激光测振仪测得每个试件的频率响应函数，多次试验之后求其平均值。然后分别将 1 号试件与 2～7 号试件相结合，限制其切向位移和法向分离位移之后，组成结合面构件，如图 5.16 所示。然后用同样的方法依次测出每组结合面构件的频率响应函数。

图 5.16　试件组成结合面实物图

5.2.5　实验结果

图 5.17～图 5.19 为激光测振仪测得的部分试件与结合面构件的频率响应曲线。

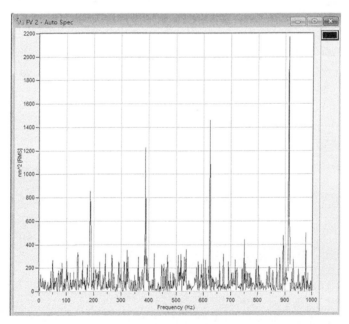

图 5.17　无织构试件的频率响应

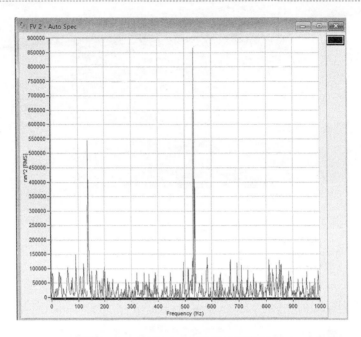

图 5.18　无织构结合面构件的频率响应

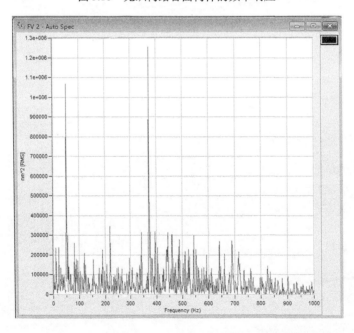

图 5.19　织构密度为 15%的结合面构件的频率响应

从图 5.18 与图 5.19 中的曲线可以看出,无织构结合面构件的接触谐振频率要大于织构形貌的接触谐振频率,结合面构件的频率响应要比单独构件的频率响应复杂。将频率响应数据导入 MATLAB 中,经相关程序分析处理后,得到相对应微织构结合面构件的接触刚度和接触阻尼,如表 5.4 与表 5.5 所示。

表 5.4　不同织构密度的结合面构件的试验结果

织构密度/%	接触刚度/($\times 10^5$ MPa/m)	接触阻尼/(N·s/m)
0	0.443	0.213
5	0.435	0.198
10	0.401	0.198
15	0.323	0.187

表 5.5　不同织构深度的结合面构件的试验结果

织构深度 h/mm	接触刚度/($\times 10^5$ MPa/m)	接触阻尼/(N·s/m)
0.00	0.446	0.218
0.05	0.444	0.221
0.10	0.426	0.219
0.15	0.417	0.215

根据表 5.4 中的数据,织构密度大的结合面之间的接触刚度和接触阻尼总体上都小于织构密度小以及无织构的结合面,这在一定程度上证明了第 3 章与第 4 章中的动态接触刚度与接触阻尼理论接触模型的正确性。

同时从表 5.5 中可以看出,织构深度的加深使得结合面之间的接触刚度小幅度变小,但是织构深度的结合面之间的接触阻尼却没有影响。

5.3　本　章　小　结

本章首先利用 ANSY workbench 有限元分析软件对具有微织构形貌的结合面进行非线性静力学有限元分析。根据第 2 章中的表征方程，利用 MATLAB 软件生成微织构表面的点云数据，导入 CATIA 软件之后，生成对应曲面，建立实体模型，利用 ANSYS workbench 进行分析。对结果进行处理之后，从一定程度上验证了第 3 章中静态接触刚度模型的正确性，且通过有限元分析发现，织构深度也会对微织构结合面之间的静态接触刚度产生影响。

对于动态载荷下的接触刚度与接触阻尼，本章采用试验的方式进行验证，采取基于频率响应函数识别的脉冲锤击试验，识别具有不同织构密度的微织构结合面间的接触刚度与接触阻尼，在一定程度上验证了第 3 章与第 4 章中建立动态载荷下的具有微织构形貌的结合面间接触刚度与接触阻尼理论计算模型的正确性。同时，通过实验发现，微织构表面的织构深度会对微织构结合面之间的动态接触刚度产生影响，但对接触阻尼的影响很小，可以忽略不计。

参 考 文 献

[1] 娄雷亭. 机械结合面法向静、动态基础特性参数的建模研究[D]. 西安：西安理工大学，2016.

[2] 傅卫平，娄雷亭，高志强，等. 机械结合面法向接触刚度和阻尼的理论模型[J]. 机械工程学报，2017，53(9)：73-82.

[3] 廖昕. 机床螺栓结合面力学特性机理研究与应用[D]. 南京：东南大学，2017.

[4] 梅迎春. 基于二自由度系统的表面接触刚度和接触阻尼的检测研究[D]. 广州：广东工业大学，2015.

[5] Levina Z M . Research on the static stiffness of joints in machine tools[C]//Advances in Machine Tool Design & Research 1967, 1968:737-758.

[6] Andrew C, Cockburn J A, Waring A E. Metal surfaces in contact under normal forces: some dynamic stiffness and damping characteristics[C]//Proceedings of the Institution of Mechanical Engineers, 1967: 92-100.

[7] Ciavarella M, Mural G, Dandelion G. Elastic contact stiffness and contact resistance for the weierstrass profile[J]. Journal of the Mechanics and Physics of Solids, 2004,52(6): 1247-1265.

[8] Wang F S, Block J M, Chen W, et al. A multilevel model for elastic-plastic contact between a sphere and a flat rough surface[J]. Journal of Tribology , 2009, 131(2): 021409.

[9] Ostrovskii V A. The influence of machining methods on slide way contact stiffness[J]. Machine and Tooling , 1965,36(1) : 9217.

[10] Levina Z M. Calculation of contact deformation in slide ways[J]. Machine and Tooling, 1965,36(1): 1-8.

[11] 杨红平，傅卫平. 机械结合面基础特性参数的理论计算与实验研究[M]. 成都：西南交通大

学出版社，2016.

[12] Dollbey M P, Bell R. The contact stiffness of joints at low apparent interface pressure[C]//Annals of CIPP, 1970: 67-79.

[13] 张艺, 史熙. 表面织构对界面接触参数影响的实验研究[J]. 实验力学, 2013, 28(4): 439-446.

[14] 杨红平, 傅卫平, 王雯, 等. 基于分形几何与接触力学理论的结合面法向接触刚度计算模型[J]. 机械工程学报, 2013, 49(1): 102-107.

[15] Greenwood J A, Williamson J B. Contact of nominally flat surfaces[J]. Proceedings of Royal Society A, 1966, 195(1442):300-319.

[16] Whitehouse D J, Archard J F. The properties of random surfaces of significance in their contact[J]. Proceedings of Royal Society A,1970,316(1524):97-121.

[17] Onion R A, Archard J F. The contact of surfaces having a random structure[J]. Journal of Physics D: Applied Physics, 1973, 6(3):289-304.

[18] Majumdar A, Bhushan B. Fractal model of elastic-plastic contact between rough surfaces[J]. ASME,1991,113(7):1-11.

[19] Zhao Y Y, Chang L. A model of asperity interaction in elastic-plastic contact of rough surface[J]. Journal of Tribology,2000,123(4):857-864.

[20] Jiang S, Zheng Y, Zhu H. A contact stiffness model of machined plane joint based on fractal theory[J]. Journal of Tribology,2010,132(1):011401.1-011401.7.

[21] 王松涛. 典型机械结合面动态特性及其应用研究[D]. 昆明：昆明理工大学，2008.

[22] 张艺. 界面接触参数的表面织构效应机理与实验方法研究[D]. 上海：上海交通大学，2013.

[23] 温淑花. 结合面接触特性理论建模及仿真[M]. 北京：国防工业出版社，2012.

[24] 田小龙, 王雯, 傅卫平, 等. 考虑微凸体相互作用的机械结合面接触刚度模型[J]. 机械工

程学报，2017，53(17)：149-159.

[25] 王雯，吴洁蓓，傅卫平，等. 机械结合面法向动态接触刚度理论模型与试验研究[J]. 机械工程学报，2016，52(13)：123-130.

[26] Pettersson U, Jacobson S. Textured surfaces for improved lubrication at high pressure and low sliding speed of roller piston in hydraulic motors[J]. Tribology International,2007,40(2): 355-359.

[27] 朱章杨，莫继良，王东伟，等. 沟槽对界面振动及摩擦磨损特性的影响[J]. 摩擦学学报，2017，37(4)：551-557.

[28] 肖敏. 表面织构对摩擦副摩擦特性影响的模拟和实验研究[D]. 大连：大连海事大学，2015.

[29] Pettersson U, Jacobson S. Influence of surface texture on boundary lubricated sliding contacts[J]. Tribology International,2003,36(11):857-864.

[30] Extrand C W, Moon S I, Hall P, et al. Superwetting of structured surfaces[J]. Langmuir,2007,23(17):8882-8890.

[31] Barthlott W, Neinhuis C. Purity of the sacred lotus, or escape from contamination in biological surfaces[J]. Planta,1997(202):1-8.

[32] 郭亚杰. 表面微结构对表面润湿性和粘附性影响的分子动力学研究[D]. 南京：东南大学，2015.

[33] 王静秋，王晓雷. 表面织构创新设计的研究回顾及展望[J]. 机械工程学报，2015，51(23)：84-95.

[34] 葛世荣，朱华. 摩擦学的分形[M]. 北京：机械工业出版社，2005.

[35] Majumdar A A, Bhushan B. Role of fractal geometry in roughness characterization and contact mechanics of surfaces[J]. Journal of Tribology, 1990, 112(2): 205-216.

[36] Wu J J. Characterization of fractal surfaces[J]. Wear, 2000, 239(1): 36-47.

[37] Liao J P, Zhang J F, Feng P F, et al. Identification of contact stiffness of shrink-fit tool-holder joint based on fractal theory[J]. The International Journal of Advanced Manufacturing Technology, 2017, 90(5): 2173-2184.

[38] 党会鸿. 机械结合面接触刚度研究[D]. 大连：大连理工大学，2015.

[39] 邓可月，刘政，邓居军，等. W-M 函数模型下表面轮廓形貌的变化规律[J]. 机械设计与制造，2017(1)：47-50.

[40] 于海武，袁思欢，孙造，等. 微凹坑形状对试件表面摩擦特性的影响[J]. 华南理工大学学报（自然科学版），2011，39(1)：106-110.

[41] Arghir M, Billy F, Pineau G, et al. Theoretical analysis of textured "Damper" annular seals[J]. Journal of Tribology,2007(129):669-678.

[42] 王松涛,王立华,张鹏. 机械结合面阻尼的产生机理研究现状与发展[J]. 机械,2007,34(12): 1-4.